U0285142

国家社科基金艺术学项目「闽南佛教古寺庙建筑艺术与景观研究」（2018BG07343）阶段性成果

# 福州古塔的建筑艺术与人文价值研究

孙群 著

九州出版社 | 全国百佳图书出版单位

**图书在版编目（CIP）数据**

福州古塔的建筑艺术与人文价值研究 / 孙群著 . --
北京：九州出版社，2019.8
　ISBN 978-7-5108-8221-0

　Ⅰ . ①福… Ⅱ . ①孙… Ⅲ . ①古塔－建筑艺术－研究
－福建 Ⅳ . ① TU-092.957

中国版本图书馆 CIP 数据核字（2019）第 166328 号

## 福州古塔的建筑艺术与人文价值研究

| | |
|---|---|
| 作　　者 | 孙群　著 |
| 出版发行 | 九州出版社 |
| 地　　址 | 北京市西城区阜外大街甲 35 号（100037） |
| 发行电话 | （010）68992190/3/5/6 |
| 网　　址 | www.jiuzhoupress.com |
| 电子信箱 | jiuzhou@jiuzhoupress.com |
| 印　　刷 | 三河市九洲财鑫印刷有限公司 |
| 开　　本 | 710 毫米 ×1000 毫米　16 开 |
| 印　　张 | 16.5 |
| 字　　数 | 276 千字 |
| 版　　次 | 2019 年 9 月第 1 版 |
| 印　　次 | 2019 年 9 月第 1 次印刷 |
| 书　　号 | ISBN 978-7-5108-8221-0 |
| 定　　价 | 68.00 元 |

★版权所有　侵权必究★

# "苍霞书系"总序

苍霞者，苍霞精舍之谓也。1896年，著名闽绅陈宝琛、林纾、孙葆瑨、力钧、陈碧等人在福州创办了苍霞精舍。此学堂创办伊始，就不是一间旧式的私塾，而是一所设置了西学的学校。后历经更名、拆分与重组，1938年改为福建省立高级工业职业学校。几经辗转之后，才成为今天的福建工程学院。

苍霞精舍的创办人，都是清末民初蜚声海内外的文化学者。其中，林纾就是十九世纪至二十世纪之交的一位有影响的文化人，其翻译小说在全国范围内产生了深刻的影响。尽管林纾在"五四"新文化运动中的表现为后人所诟病，但全面审视其人生之后，其人格风骨、家国情怀、艺术造诣等仍令我们感佩莫名。再如"末代帝师"陈宝琛，有着以天下为己任的强烈意识，曾因直言敢谏而名动京师，并被誉为"清流四谏"之一。作为"帝师"，他数次奔赴东北，力劝溥仪不可充当日本傀儡。虽终未成功，但保持了其一生的爱国名节；作为"同光体"闽派著名诗人，他写下了不少反帝爱国、关心民瘼、以开放视野融通中外的优秀诗作，其诗作充分表明他是一位能追随时代进步潮流、关心国家命运、坚持民族正义、主张御侮图强的爱国诗人。此外，苍霞精舍的创办人还有一个共同的特点，那就是热心教育事业，创办了多所学校。综上所述，他们的精神品格是否可以称为"苍霞精神"？今天，福建工程学院的校训"真、勤、诚、勇"，正是这种精神品格的延续和弘扬。

新时期以来，福建工程学院的学科建设取得了跨越式的发展。虽然是以工科为主的大学，但其文科也取得了长足的发展。2011 年，学校成立"福建地方文化资源研究中心"，开始着手对福建地方文献的整理研究以及对林纾的研究。2014 年，学校获批福建省社会科学研究基地——地方文献整理研究中心，标志着我院在社会科学研究的某些方面已跻身于省内强校的行列。近年来，中心陆续在林纾研究、福建地方文献整理研究、福建历代文化研究、闽台文化研究、乡贤研究等领域取得了一系列新成果。国家社科项目的获批、社科论著的密集涌现、优秀社科成果和教学成果的获奖、优质学术团队的建设，都出现了令人鼓舞的新局面。本着以中心为依托，集中展示中心成员的优秀论著的目的，我们精心策划了"苍霞书系"。我们之所以以"苍霞"来命名，一是为了呈现福建工程学院薪火相传的文脉传统，踵继前辈学者的优良学风，发掘"苍霞精神"的时代意义，温故知新，继往开来；二是为中心成员提供一个展示成果的平台，激励他们坚守学术理想，互相交流，互勉共进，以实干创造出更多的优秀成果。

愿我们大家共同努力！

吴仁华

福建工程学院

# ▌前言

塔作为佛教的象征，原本是为了藏匿佛祖舍利与圣物而修建的建筑，但自从传入中国后，在道儒思想以及民风民俗的影响下，不仅建筑造型，而且功能性质都发生了许多变化。一座古塔所蕴含的文化内涵极为丰富，从建筑、雕刻、绘画、考古、历史、宗教、技术、文学、民俗、经济等方面，都可以对其进行研究。一座塔就是一部史书，一座塔就是一种精神，一座塔就是一个寄托。通过研究福建 400 多座遗存古塔，可从侧面窥视八闽的发展史。这些形态各异的古塔传承于历史、亲和于自然、谐调于人情，集各种愿望于一身。每一座塔的落成，不仅仅只是一个孤立存在的建筑，更是人们心中美好理想的心灵之塔、精神之塔。

2018 年 6 月，笔者出版了《福建遗存古塔形制与审美文化研究》一书，主要研究了莆田、宁德、厦门、漳州、南平、三明以及龙岩等地的 193 座古塔，本书则专门探究福州的 130 座古塔，对这些塔进行实地考察与测量，并收集、整理和考证相关文献资料。通过对福州古塔的建筑材料、建筑样式、层数高度、平面形式、塔基样式、塔身造型、塔身结构、雕刻工艺、塔身色彩、内部结构以及文化价值等方面的探究，指出福州古塔浓缩了宗教思想、历史人文、社会经济、建筑技术、雕刻艺术等诸多元素，是闽都丰富地方文化遗产的重要组成部分，见证了福州兴衰沉浮的沧桑史。而且，福建古塔是从福州、宁德地区向莆田、泉州、厦门、漳州等地逐渐传播的，因此，研究福州古塔对探索闽南古塔的发展历史有着重要意义，其对闽南古塔的建筑风格有着深刻的影响，可以说，闽南所有类型的古塔都能在福州古塔中找到身影。另外，泉州的 100 多座古塔将再出一本专著论述。从 2012 年至 2018 年，笔者先后主持 3 项福建省社会科学规划项目，对福建古塔进行考察与研究。2018 年 9 月，笔者有幸申请到国家社会科学基金艺术学项目《闽南佛教古寺庙建筑艺术与景观研究》，使得能够对福建，特别是闽南地区的古塔作进一步深入研究。

　　本书是笔者对福州古塔调查研究的总结，为继续探究闽南佛教建筑奠定基础。由于本人学识有限，对于福州古塔还有待更深入的探究，书中难免会有疏漏与错误之处，恳请方家和读者给予批评指正。

孙群

2019 年 3 月于福建工程学院建筑与城乡规划学院

# ▏目录

# 第一章
# 福州古塔的建筑艺术、文化内涵及其现状

福州是八闽首府，位于我国东南沿海，地处闽江下游河口盆地的中心，周围山岭环抱，自然条件优越，山水资源极其丰富。福州是国家级历史文化名城，早在汉高祖五年（公元前202年），闽越王无诸就在此建城，距今已有2200多年的历史。晋代著名风水家郭璞曾赞叹福州风水极好，是建城极佳的地理位置，并认为福州将"千载不杀，世代兴隆，诸邦万古，繁盛仁风"，而且"遇兵不掠，逢荒不饥，逢灾不染，甲子满而复兴"，不愧为"有福之州"。在漫长的历史发展中，福州文化昌盛、人才辈出，一代又一代的闽人创造了辉煌的文化，使之成为具有悠久文化内涵和丰富文物遗存的名城，留下了厚重的历史文化积淀。

塔是佛教的纪念性建筑，起源于古印度，东汉时期随着佛教传入我国，并与中国原有的建筑形式与文化传统相互融合，形成了具有强烈中国特色的高层建筑。塔是历史的见证者，具有建筑、艺术、审美、文化以及考古等诸多方面的价值。福州自古以来古塔众多，与闽地佛教的发展是分不开的。佛教自西晋时期传入福建以来，虽然也受到中原地区反佛运动以及多次战乱的影响，但仍基本保持长盛不衰。作为福建省的首府，福州的佛教发展更是繁荣，可以说福州是福建省内佛教发展最兴盛的地区。据《八闽通志》载，福建第一座寺庙药山寺，就是晋太康元年（280年）建于福州侯官县（今闽侯县）的，而到明成化之前，福州已有1100多座寺庙了。在1700多年

图 1-1　坚牢塔

的发展过程中，佛教为福州留下了许多宝贵的历史遗产，塔便是其中重要的建筑遗迹之一。

据考证，福州现存形态各异的古塔共有 130 座。目前保存最早的塔是建于南朝天嘉二年（561 年）的林阳寺隐山禅师塔。到了唐代，由于福建经济重心开始转向沿海，福州经济得到发展，社会比较稳定，同时也是佛教发展期，此时建造的塔有闽侯义存祖师塔、鼓楼七星井塔等。五代是福州各方面发展的高峰期，由于闽王王审知大力推广佛教，社会上兴起了佛教信仰，而且当时无论是官方还是民间，都积累了大量财富，于是建了许多佛寺，同时也造了不少佛塔，如王审知父子修复并创建了闽都七塔：即坚牢塔（图 1-1）、定光塔、定慧塔、报恩塔、崇庆塔、开元塔、阿育王塔。但可惜多数都没能保存下来。宋元时期，福州佛教继续发展，官方与民间都建造了不少塔，著名的有龙瑞寺千佛陶塔、福清龙山祝圣塔、长乐圣寿宝塔、连江普光塔等。明清时期，虽然福州佛教发展相对较慢，但却建了许多塔，如重新修建了于山报恩多宝定光塔、马尾罗星塔、福清瑞云塔、上径鳌江宝塔、东张紫云宝塔、东瀚万安祝圣塔、连江含光塔、永泰联奎塔等。现存福州古塔中，宋、明、清建造的塔数量最多。

福州古塔按平面结构可分为四角形、六角形、八角形、圆形等，而就其建筑造型来说，大多数是楼阁式塔，其余还有窣堵婆式塔、经幢塔、五轮式塔、宝箧印经塔、亭阁式塔、喇嘛式塔、台堡式塔、灯塔等。建筑的材料多为石材，部分为砖材、陶材、金属材料。福州传统古塔浓缩了宗教思想、建筑技术、雕刻艺术、历史人文、社会经济等诸多元素，是福州地方文化遗产的重要组成部分，见证了闽都兴衰沉浮的沧桑历史。

在古代，人们耗费巨资修建塔，除了作为重要的宗教文化标志外，还具有浓厚的文化内涵。塔的功能也由贮藏舍利及其他宗教圣物，扩展到为人民祈福求安、表彰功德，甚至成为江海航行的标识以及改良风水的独特建筑。这些古塔真实地反映了福州的历史状况，传达出丰富的历史信息，考察与探究福州的一座座古塔，犹如在阅读一部部厚重的史书。

## 一、呈现传统的建筑技术水平

福州古塔体现了福州先民精湛的建筑技术。唐宋时期，福州的建筑业发展迅速，由于盛产石材，仿木结构楼阁式石塔的建造水平在全国处于领先地位，并建有大量石塔。

长乐圣寿宝塔（**图 1-2**）位于城区塔坪山之巅，又称三峰寺塔，建于北宋徽宗政和七年（1117 年），高 27.4 米，八角七层仿木结构石砌建筑，塔内拱顶空心，内设曲尺形石阶。塔基为双层须弥座勾栏基座，束腰刻壶门图案，中为戏狮，端庄严谨，须弥座形制与宋代的建筑学著作《营造法式》所记载的叠涩式相似。圣寿宝塔在塔身砌刻倚柱、梁枋、斗拱、出檐等的做法，体现了宋代仿木结构的表现手法。塔的二至七层设上下两门，立瓜棱柱，柱头施斗拱，出下昂，各层塔壁砌有佛龛，塔刹为金属束腰葫芦刹。平面八角是我国较为普遍的建筑形制，八角形的边缘线条柔和曲折，每一

图 1-2　圣寿宝塔

面塔壁对地基的压力较平均，有利于抗震。圣寿宝塔全以石材建造而成，非常结实、坚固，历史上曾经历过多次大地震而岿然不动，反映了宋代福州地区高超的石构建筑水平。福州较著名的石塔还有乌山的坚牢塔、连江的天王寺塔、福清的龙山祝圣宝塔、闽侯的陶江石塔等。福州石构建筑水平历来较高，如明洪武四年（1371 年），驸马都尉王恭在王审知所建城池的基础上重建的福州城，整座府城全用石头砌筑，三面环水，北面隔着悬崖，固若金汤，明代倭寇四次攻城，均受城墙阻挡。如今，城墙已基本不存在了，但通过对这些保存下来的石塔进行研究，可大体窥见福州传统石构建筑工艺的技术水平。

除了石塔以外，福州还有少部分的陶塔、砖塔和金属塔。鼓山涌泉寺天王殿前的千佛陶双塔（原在城门镇龙瑞寺）是由陶土烧制而成的，东塔称"庄严劫千佛宝塔"，西塔称"普贤劫千佛宝塔"。双塔建于北宋元丰五年（1082 年），均为八角九层仿木楼阁实心塔，高 7.6 米，底层直径 1.2 米。千佛双陶塔塔基为双层须弥座，八角雕有侏儒力士，塔身八面用柱，柱头上施斗拱，出斜昂。千佛双陶塔装饰华丽，共有 2160 尊佛像，还有高僧、武将、狮子、花卉等塑像，生动活泼。塔的各个部件均是先以木结构样式雕模制出泥坯后，再上釉烧制而成的，体量较大，制作精美。千佛双陶塔体现了宋代福州地区的陶瓷工艺水平。

福州砖塔的代表作是于山的定光塔和连江的含光塔，其中建于明代的含光塔为八角七层楼阁式红砖塔，高 26.67 米，叠砌出檐，每层均设一门七佛龛，沿塔内石阶可到达顶层。含光塔除基座与翘角用花岗石外，塔身、塔檐出拱、佛龛均以红砖砌造。经考证，这种红砖建造的塔全国仅存两座。含光塔反映了明代福州地区的制砖业的发达状况。

这些建造坚固、造型多样的古塔体现了福州地区高超的传统建筑技术水平。

## 二、表现古人的雕刻艺术成就

福州石雕历史悠久，各种宗教石雕数量众多，造型别致，具有丰富的内涵。除了名闻海内外的寿山石雕外，福州地区的花岗岩石雕工艺也十分发达。福州古塔的石雕具有浓厚的宗教色彩和鲜明的地域特色。

福清城关的瑞云塔堪称石雕中的精品。瑞云塔建于明万历四十三年（1615年），由当时的建筑名匠李邦达设计施工，有"江南第一塔"之称。瑞云塔以花岗石建成，通高34.6米，八角七层仿木构楼阁式造型。底座为八角形单层须弥座，周长24米，塔内为空心室，有曲尺形石阶直通塔顶，为穿心绕平座式结构。瑞云塔历来以精美细致的浮雕而闻名。塔每层均有雕刻，内容极其丰富，共有佛像、菩萨、力士、飞天、龙、狮子、虎、凤凰、鹿、马、猴、兔、鹤、花卉、假山等石雕400多幅（图1-3），最高者为1.8米，最小者仅为0.2米。特别是每层石门两旁的守门神，怒目圆睁，雄壮威武，而那48尊立在八角塔檐上的镇塔将军，神情肃穆，端庄安详，有着天人的姿态。这些浮雕千姿百态、形象逼真、栩栩如生，匠师们运用粗中有细的圆刀技法，借鉴传统绘画中柔中有刚的线条，勾勒出各种有趣的形态，把粗朴与精巧两种风格协调地融合在一起。我国明代古塔外壁雕刻一般都比较简洁朴素，而瑞云塔却以丰富多彩的浮雕在明代古塔中独具魅力，这也反映了福州石雕工艺的兴盛。

连江仙塔的雕刻也十分精彩。仙塔建于北宋时期，为八角两层仿木楼阁式石塔，高9.2米。仙塔须弥座上刻有双狮戏珠、天马、麋鹿、麒麟、力士、仰覆莲等浮雕，塔身还雕有佛像、龙首、双凤朝阳、仙鹤、花卉等，塔门两边立有两尊1.85米高的皮甲武士。仙塔体现了北宋福州地区的雕刻工艺特色。

此外，闽侯县尚干陶江石塔的雕刻也颇具特色。陶江石塔建于南宋时期，塔高10米，底径3.2米，为八角七层实心楼阁式石塔，每层八面均设有佛龛，内为盘坐莲台的佛像，神态均安详而又端庄。须弥座上刻有双狮戏球、丹凤朝阳、盘龙、力士、神将等。陶江石塔体现了南宋福州地区的雕刻工艺水平。

福州还有许多塔的雕刻均很精彩，题材多样，有佛教故事、飞天、护法金刚、力士、吉祥图案、神禽瑞兽等。通过对古塔雕刻的研究，可以看出福州雕刻题材广泛，工艺精美，内涵丰富，具有很强的地方文化特色，并能熟练运用传统的比喻、象征、寓意、表好以及祈福等艺术手法，将社会的传统道德思想融入雕刻作品之中。

图1-3 瑞云塔雕刻

### 三、反映闽都佛教发展的状况

塔的建造都较为庄重而严肃，许多塔的地宫供奉着高僧的舍利，而舍利又是佛教最崇高的圣物，所以佛教徒在传播教义时，除了利用佛经、佛像外，最重要的方法就是建造佛塔。因此，作为佛教的象征性标志之一的塔，反映了当地的佛教文化状况。

福州古时佛教相当兴盛，从统治阶级到普通民众，大都笃信佛教，并且大兴土木，建寺造塔，刻经铸像。五代时期，福州城内就建有闽都七塔。明王恭《题冶城开元寺》诗云："城里青山闻梵音，灵源高阁影沉沉。鸟边祇树人烟近，象外云花野照深。苔色满廊行履迹，月明空界印禅心。自怜人代多氛垢，未得焚香礼遁林。"该诗就生动地表现了福州城区浓厚的佛教气氛。

位于于山的报恩多宝定光塔，又称白塔，就是由闽王王审知为去世的父母超荐冥福而兴建的。塔八角七层，通高45.35米，在福建400多座古塔中，高度仅次于泉州开元寺的镇国塔。定光塔工程浩大，极为壮观，四周还建有塔殿、法堂等 36 间，当工程竣工时还举行了盛大的藏经仪式。但是原塔在明嘉靖年间被火烧毁，如今这座塔是明嘉靖二十七年（1548 年），由福州乡绅带头募捐重修的，当时许多僧人、官员、商人等都参与了捐款修建。与定光塔相隔不远的坚牢塔建于五代闽国永隆三年（941 年），俗称乌塔，是由王审知之子王延曦为永保闽国江山和为自身及臣下祈福而建造的。在塔上佛龛内还刻有王延曦及其子女、臣属的姓名、爵号和捐资祈福铭文。坚牢塔上的雕像与文字，都是研究五代福州地区的佛教文化的宝贵文物资料。而白塔与乌塔，也都反映了福州浓厚的佛教氛围。

雪峰寺的义存祖师塔是由王审知为雪峰寺开山祖师义存建造的舍利塔。义存禅师（822—903）为泉州人氏，19 岁出家学禅，得名师指点，了悟禅理，于唐咸通年间（860—874）回闽弘法传教。史载，自义存居于雪峰山之后，天下参禅之人闻风前来，参学问道者络绎不绝。当时王审知欲以佛教安定人心、消除社会纷争，实行崇佛政策，礼敬禅林，表彰义存禅师的道德。实际上，义存禅师是王氏政权在佛教政策方面的最高顾问。王审知还将雪峰寺大加修饰，扩建了庙宇，重塑了佛像，新铸了钟磬，并赐予僧众丰厚的资财和产业，使雪峰寺成为"南方第一丛林"，香火极其鼎盛。王审知虔心优待义存，义存勤勤恳恳地说法普度大众，经过 10 多年的努力，福州乃至全省境内佛化大行，佛教风气浓厚，王氏政权收到了预期的效果，义存师徒们也达到了弘扬佛法的目的。义存禅师圆寂后，闽国僧尼士庶 5000余人参加了骨灰入塔典礼，王审知还派其子王延禀亲临祭奠、斋僧。如今，义存祖师塔静静地安卧在雪峰寺的青山绿水之间，使人遥想当年义存禅师弘法度众的盛况与艰辛。

此外，还有东张紫云宝塔、渔溪万福寺 37 座舍利塔、海口镇瑞岩寺石塔等诸多古塔，都反映了闽都佛教发展的真实状况。

## 四、宣扬民间的风水观念与思想

塔原是人们顶礼膜拜的神圣建筑，只可放高僧的舍利，但传入中国后，在与传统文化融合的过程中，出现了以塔改变风水的习俗。风水是中国文化历史中独特的环境艺术思想，旨在促进人与自然的和谐相处，追求"天人合一"的理想生活。古人认为，一个地方的人才兴盛实与风水环境有关，所谓"地美则人昌""人杰地灵"。如果一个地方人才缺乏，就需通过引水植树、兴建人文景观等来加以弥补，而建塔补风水就是古人常用的方法之一。风水塔的建造除为祈求国家昌盛、人民富裕、当地人文环境的改善外，还有"镇邪"之用。在古人看来，修建风水塔是件利国利民的功德之事，故人们常常在海边、河岸边或山顶上兴建水口塔或文峰塔，以寄托对美好生活的向往。

闽侯县甘蔗镇临闽江而立的镇国宝塔就是一座风水塔（图1-4）。据传，唐末时，这里经常有水灾，在五六月间，洪水常淹没大片农田和房舍，县官无计可施。后来，当地民众便听从一位游方僧人的建议，在此造塔，用以镇水妖，压水患。塔为四角七层，高约6.8米，仿木楼阁式花岗石层叠实心建筑。塔身每层都设佛龛，雕刻有佛像、力士、花卉等，造型古朴端庄。千百年来，镇国宝塔默默地屹立在闽江岸边，成为镇妖驱邪、正义功德的化身。

福清上迳镇迳江北岸的鳌江宝塔也是座风水塔，建于明万历二十八年（1600年），为八角七层仿木楼阁式石塔，通高25.3米，塔上雕有佛像。每层塔门分别刻有"愿四海宁谧，愿五谷丰登""愿天常生好人，愿人常行好事"等联句，寄托了当地民众对美好生活的向往。鳌江宝塔之所以建于水口，是因为在古人看来，水之汇聚处就是财之汇聚处，在水口建塔，可以留住财气。同理，福清龙山祝圣塔也是建于水口的。此外，海口镇龙江桥双塔具有镇妖压邪的功用，而城头镇五龙桥石塔也作镇妖邪之用。

这些风水塔多是一种以风水学为依据，并对当地自然山水的缺陷进行弥补与装点的建筑，已逐渐脱离佛教的范畴，具有阴阳五行的道教思想。此外，众多俊秀挺拔的风水塔为原本平淡无奇的山水与园林，增添了许多美景。

## 五、体现了福州的民风民俗与传统诗词文化

古塔往往历尽沧桑，久经风雨，它们那高大挺拔的雄姿，不仅象征了

图 1-4 镇国宝塔

图 1-5　联奎塔

民族自强自尊的品格，而且流传着许多感人的民间传说，从一个特殊的角度展现了古代福州社会的民风与习俗。

　　马尾罗星塔，俗称磨心塔。相传，原为宋代广东岭南的柳七娘所建。

柳七娘随丈夫入闽做苦役，后来丈夫劳累而死，七娘便变卖家产，为亡夫在闽江之中的山丘上建一石塔以祈求冥福。明万历年间，塔毁于海风，到了天启年间，福州著名学者徐㶿等人募捐重修。类似的传说还有连江云居山的普光塔。在民间，普光塔又称为望夫塔，是云居山当地一名妇女在山上期盼出海的丈夫能安全归来时，用石头垒成的。

坚牢塔与福州的民俗关系密切。在古代，每逢重大节日，民众都会在塔上点灯，以祈求平安。特别是每年的中秋节，塔上灯火辉煌，十分热烈。而福清瑞云塔自今还流传着六十年一度甲子中秋点塔灯的民俗活动。据载，瑞云塔建成九年之后，恰巧是岁序之首甲年，当地民众便在中秋节时在塔上张灯结彩，以祈求安居乐业，国家繁荣昌盛。

永泰的联奎塔（图1-5）是为纪念南宋乾道二年至乾道八年（1166—1172），萧国梁、郑桥、黄定三人，七年三科皆中三状元，于清道光十一年（1831年）而建的，希望保佑当地人杰地灵，文运昌盛，科考夺魁。塔门所立的不是武士，而是文官，体现了造塔与科举仕途思想的巧妙结合。

福州古塔还是文人骚客登游咏诗的地方，留下了许多与塔有关的诗文、名联、题刻、碑记等，为塔平添了浓厚的文化内涵。如唐代诗人贾岛、宋理学家朱熹、明才子陈介夫等就曾游览过闽侯陶江石塔，并且均留下诗篇。明素波隐士就有诗云："六六湾头第一峰，倚天青削玉芙蓉。远撑砥柱三江转，俯视凭陵七里冲。有客可仙时放鹤，无人谈诀日寻龙。巍巍秀洁东南镇，差胜罗浮四百重。"该诗就生动地描述了陶江石塔周边的秀丽风光。

## 六、记载闽港的航行历史

福州上可溯闽江，沟通闽江水系，下可远航至海内外许多港口，自古以来便是闽江流域和东南沿海货物的集散地。五代王审知主闽之后，福州港口的海上交通进一步得到发展，南海诸国纷纷来朝，促进了福州港的航海贸易，元代已有许多商船沿印度洋到达这里。明成化十年（1474年），市舶司从泉州移置福州，从此以后，福州港作为朝廷与东南亚国家互市的重要港口，对外交通与海运贸易更加繁盛。

图 1-6　罗星塔

明代，福州港还为郑和下西洋做出了重大贡献。据载，郑和船队进出长乐太子港均以圣寿宝塔为航标。此外，郑和还多次登塔以观察地形与船队。明永乐十一年（1413 年），郑和重修古塔时，考虑到宋徽宗是为金人所俘丧身北国，故将塔名改为"三峰寺塔"，还亲自题写牌匾。总之，圣寿宝塔与郑和下西洋有着深厚的渊源。

罗星塔（图 1-6）既是航海港口的标志塔，也是闽江门户的标志，有"中国塔"之誉。罗星塔的名称和位置，曾标在郑和航海图中；在世界航海地图中，也已被列为重要的航海标志。至今，塔身上还保存着大量的导航标灯龛。登临塔顶眺望，马尾港附近水域一览无遗。罗星塔在福州航海史上起着指引商船的关键作用，是国际上公认的海上重要航标之一。这高高矗立的石塔记载了福州侨乡海外移民的沧桑历史，多少年来，家乡的塔不但是海上航行的航标，更是游子归家的航标。

此外，福州的航标塔还有面向东海的福清万安祝圣塔与三山镇迎潮塔等。这些航标塔用于导航引渡，为福州古代的航海事业做出了重要贡献。

## 七、福州古塔现状

福州保存至今的古塔共有 130 座，其中，楼阁式塔 52 座，窣堵婆式塔 46 座，宝箧印经式塔 7 座，五轮塔 4 座，经幢式塔 8 座，亭阁式塔 10 座，灯塔 2 座，喇嘛塔 1 座。其中福州鼓楼区 12 座、仓山区 6 座、马尾区 1 座、晋安区 29 座，长乐区 5 座，福清市 23 座，连江县 15 座，闽侯县 22 座，永泰县 2 座，闽清县 3 座，罗源县 12 座。从年代上看，南朝 1 座，唐代 2 座，五代 4 座，宋代 35 座，元代 2 座，明代 28 座，清代 39 座，民国 9 座，还有 10 座待考，这些古塔主要集中在福州佛教最发达的两宋和风水思想较为流行的明清时期。从分布情况来看，大部分塔位于历史文化较为悠久的沿海县市，内陆地区则较少，反映了福州古代的社会经济与文化状况。

## 八、结语

古塔建筑犹如史书，每座古塔都记述了那个时代政治、经济、文化的发展水平，成为现代人研究历史的主要实物资料。福州古塔以优美的造型、古朴的风姿、精美的装饰，屹立于闽都大地，作为历史文化遗产和风景旅游资源，融汇了建筑、艺术、生活之美，蕴含了极高的文物考古价值与人文观赏价值，体现了古代福州人民的创造力与智慧。

### 表 1 福州市各地区古塔统计表

| 地区 | 楼阁式塔 | 窣堵婆式塔 | 宝箧印经式塔 | 五轮塔 | 经幢式塔 | 亭阁式塔 | 灯塔 | 喇嘛式塔 | |
|------|------|------|------|------|------|------|------|------|------|
| 鼓楼区 | 6 | 5 | | | 1 | | | | 12 |
| 仓山区 | 6 | | | | | | | | 6 |
| 马尾区 | 1 | | | | | | | | 1 |
| 晋安区 | 4 | 15 | 3 | 2 | 1 | 4 | | | 29 |

| 长乐区 | 4 | | | 1 | | | | | 5 |
|---|---|---|---|---|---|---|---|---|---|
| 福清市 | 12 | 7 | | | 2 | 1 | | 1 | 23 |
| 连江县 | 6 | 4 | 1 | | | 2 | 2 | | 15 |
| 闽侯县 | 5 | 11 | 3 | 1 | | 2 | | | 22 |
| 永泰县 | 2 | | | | | | | | 2 |
| 闽清县 | 2 | 1 | | | | | | | 3 |
| 罗源县 | 4 | 3 | | | 4 | 1 | | | 12 |
| | 52 | 46 | 7 | 4 | 8 | 10 | 2 | 1 | 130 |

## 表 2　福州市各地区古塔年代表

| 地区 | 南朝 | 唐 | 五代 | 宋 | 元 | 明 | 清 | 民国 | 待考 | |
|---|---|---|---|---|---|---|---|---|---|---|
| 鼓楼区 | | 1 | 1 | 3 | | 1 | 5 | 1 | | 12 |
| 仓山区 | | | | 2 | | 1 | 3 | | | 6 |
| 马尾区 | | | | | | 1 | | | | 1 |
| 晋安区 | 1 | | 1 | 5 | | 5 | 12 | 5 | | 29 |
| 长乐区 | | | | 2 | | 2 | 1 | | | 5 |
| 福清市 | | | | 5 | 1 | 12 | 5 | | | 23 |
| 连江县 | | | 1 | 6 | 1 | 3 | 2 | 2 | | 15 |
| 闽侯县 | | 1 | 1 | 10 | | | 2 | 1 | 7 | 22 |
| 永泰县 | | | | | | 1 | 1 | | | 2 |
| 闽清县 | | | | | | 1 | 2 | | | 3 |
| 罗源县 | | | | 2 | | 1 | 6 | | 3 | 12 |
| | 1 | 2 | 4 | 35 | 2 | 28 | 39 | 9 | 10 | 130 |

# 第二章
# 鼓楼区古塔纵览

鼓楼区位于福州城区的西北部，地形多为平原或丘陵，境内有乌山、于山、屏山、冶山、闽山、灵山、钟山、罗山和芝山9座小山。前202年，闽越王无诸在冶山建立都城，在其后的两千多年间，鼓楼区先后6次建造城池，一直以来都是福州的核心区，有着深厚的文化积淀，号称八闽首善之区。鼓楼由于是市中心，人口和楼房密集，部分古塔已遭到破坏，王审知父子当年建造的闽都七塔只剩下3座。鼓楼目前保留有12座古塔，其中楼阁式塔6座，窣堵婆式塔5座，石经幢1座。

## 1. 七星井塔（图2-1）

位置与年代：七星井塔位于鼓

图2-1 七星井塔

图 2-2　武士造像

楼区井大路西侧的七星井临水宫大门旁，建于唐开元年间（713—741年），为福州市文物保护单位七星井的附属建筑。

建筑特征：七星井塔为圆形经幢式石塔，高 2.1 米。塔座为六边形覆莲状花瓣，直径 0.83 米，高 0.28 米，雕有莲瓣 12 朵，每朵莲瓣中间鼓起，造型丰腴饱满，具有唐代风格。这座石塔原有一个六边形底座，每面浮雕坐佛，但已丢失，而如今这个塔座只是底座上方的一个莲花瓣。塔腹圆柱形，直径 0.43 米，高 0.52 米，雕刻 4 尊身披盔甲、衣袂当风、手按宝剑的武士（**图 2-2**）。塔肩覆钵形，高 0.36 米，辟 8 个浅佛龛，龛内雕双手合十的佛像。三层相轮式塔刹，下宽上窄，刹顶似火苗状。七星井塔的塔腹、塔肩与塔刹为一块长条形花岗岩石雕成，整体造型像一根蜡烛，因此又称"石烛"。七星井塔与一般石经幢不同，形状十分特殊，在福建古塔中仅此一例。这种样式的塔应该来源于我国西北部地区早期的佛塔，如在甘肃发现的北凉时期（401—439 年）的高善穆石塔、程段儿石塔和沙山石塔等与七星井塔颇为相似，如同一个圆锥形，造型极为古朴。七星井塔与北凉石塔年代相差近 300 年，主要有三个地方有所不同：①原本八边形塔基被加宽，并增加覆莲花瓣；②塔顶由蘑菇形改为火苗形；③塔腹原来刻经文，现改为武士像。七星井塔还是唐代原物，是福建保存最古老的塔之一，对研究八闽古塔发展史有着重要意义。

文化内涵：七星井临水宫前有七口水井，又称七穿井、七寸井，开凿于唐开元年间，是福州现存最早的水井。传说井底连接"龙脉"，井内石碑刻有"龙泉古井"四字，而且井水水源丰富，亢旱不竭，水质良好，据说是闽王王审知家族的唯一水源。《三山志》载："临江楼门内，有井曰

图 2-3　坚牢塔

七穿孔井。"古时候，这里有一座名为凤山的山丘，与龙山连在一起，号称龙凤呈祥之地。七星井塔是七星井的镇井之物。传说，临水娘娘陈靖姑用剑斩下作乱蛇妖的七寸之后，将其锁在七星井里。蛇妖苦苦哀求陈靖姑

图 2-4　坚牢塔塔檐

开恩，让其有出头之日。陈靖姑不为所动，并立石塔于井边，说："除非七星井的石烛开花（放光），否则蛇妖永不复生。"福建古塔中，只有七星井塔与临水娘娘陈靖姑有直接的关系。陈靖姑是闽都三大女神之一，以救产护婴、治病驱邪为己任。从古至今，福建地区都流传着许多与临水娘娘陈靖姑有关的传说故事，其中，三剑斩白蛇的故事最为出名。七星井临水宫除了供奉临水娘娘陈靖姑外，还祀奉玄天上帝、许镇君、孙大圣、吕祖师、照天君、裴仙师、白仙师、林九娘、李三娘、三十六婆宫等神仙。

## 2. 崇妙保圣坚牢塔（图2-3）

位置与年代：崇妙保圣坚牢塔位于鼓楼区乌石山东麓，建于五代闽国永隆三年（941年），由于年代久远，塔石风化变黑，故又称为乌塔，是福建最大最完整的五代石塔，为全国重点文物保护单位。坚牢塔与于山的定光塔遥遥相对，是历史文化名城福州的标志性建筑。

建筑特征：坚牢塔采用规整的花岗岩相互交错而砌成，为平面八角七层楼阁式空心塔，通高35.2米，造型巍峨凌空、古朴浑厚。塔基为单层须弥座，奇怪的是只有下枭而没有上枭。目前塔基四周有石栏防护，南面栏杆上立一对石狮，并开一入口。塔身第一层东面开门，其余各面当间辟方形佛龛，二至六层分别开两门，其余塔壁也辟有佛龛，龛内供奉佛像。二至七层塔身转角为半圆形倚柱，柱头施圆形栌斗。第四层塔壁东面石碑刻"崇妙保圣坚牢之塔"，上款刻造塔功德主延曦名号，下款刻监造人员名字。第五层南面石碑刻"崇妙保圣坚牢塔记"，共有700多字。第七层南面佛龛内石碑刻有闽国官员夫妇及孩子的名字和爵位。每层叠涩出檐（图2-4），层层收分，塔檐上设有平座，以实心栏板回护周廊，檐面刻有瓦垄、瓦当、滴水等构件，八角各有翘脊，上盘坐一尊镇塔佛雕像。坚牢塔以逐层收分的做法来增加塔身轮廓线条的变化，这种收分加强了塔身的重心稳定性。塔檐由四重混肚石叠涩支撑，没有施斗拱。而且除第一层四重混肚石叠涩外形比较统一外，其余各层的四重混肚石均是一二层较方，三四层较圆。塔檐出挑较长，是福建楼阁式塔中出檐最长的。塔檐下的混肚石有几个浅圆洞，内有孔眼，应该是排水孔。此外，每面石栏杆另设两个排水孔，利于平座的排水。塔顶分为塔盖和塔刹，塔盖为八面坡，宝葫芦式塔刹，由基座、覆钵、露盘、宝珠、宝盖以及宝瓶顶等组成，露盘八方各垂铁质浪风索，连接塔顶八角脊端，使得塔刹更加稳固。铁葫芦塔刹上刻有"大清康熙三十一年壬申蒲月望后金城重修宝塔"。塔心室（图2-5）结构已由唐塔的空筒式过渡为穿心绕平座式，塔的楼板、外壁、塔梯三者结合在一起，铰接结紧密，处理独到，建造手法舒展大气。

坚牢塔须弥座八面的束腰有双龙戏珠图案，虽已经十分模糊，但还能欣赏到石龙腾云驾雾的神态。每只飞龙动态基本相同，均张嘴怒吼，体态矫健，爪子雄劲，须发向后飘动。这些石龙采用浅浮雕技术，与福州的其他宋代古塔上的雕龙相比较，体积感略显不足。束腰八个转角分别刻如意造型，一般如意形都是在圭角位置，而福建古塔中只有坚牢塔是在束腰转角处。须弥座下枭刻双层莲花瓣。第一层塔身八个转角各立一尊披甲着盔的天王、金刚像（图2-6），或执剑、锏、鞭、铲等兵器，或举着宝珠、凉伞、琵琶、铃铎等法器。其中，一尊天王像肚子鼓出，颇有意思。这些雕像是在明代天启元年（1621年）镶嵌上去的，颜色与原有塔的色彩略有差别。塔壁佛龛内共雕46尊黑色页岩高浮雕佛像，目前除了底层佛像有部分缺损外，其他部分的佛像均保存得较为完整。一至七层塔檐翘脊上共立56尊镇塔武士，目视前方，体态厚实。平座栏杆刻"卍"字连续图案。塔心室内辟有佛龛，内雕佛菩萨像。坚牢塔上的佛像、天王、武士、飞龙的雕刻，有圆雕、半圆雕、高浮雕、浅浮雕、线刻等表现手法，造型古朴，线条拙中见雅，反映了福州古代石雕工艺的高超水平。

坚牢塔既有北方塔厚重质朴的特征，又有南方塔轻巧精致的风格，这应该与闽王家族来自河南地区有关。总体看来，虽然坚牢塔建造技术高超，但与福建的其他宋代楼阁式石塔相比较，还是有几处明显的差别：①塔檐采用混肚石叠涩，没有斗拱，木构化特点不明显，造型比较古拙，变化较少；②二至七层塔檐的四层混肚石外形不统一，两层方形，两层半圆形；③须弥座束腰转角为如意造型，而不是采用力士或竹节柱；④须弥座只设下枭，而没有设上枭。这些建筑特征说明坚牢塔作为我国古塔从唐塔向宋塔过渡

图 2-5　坚牢塔塔心室

图 2-6　坚牢塔金刚像

的作品，在构造方面还处于探索阶段，在局部结构上还未成熟。坚牢塔所用的花岗岩有数十吨，民间传说是采用"土堆法"建塔。即先用土堆出小山，工人通过土山运送石头，建一层就需要堆一层土，等塔全部建好后再把土堆去掉。但笔者认为，工人还应采用了脚手架施工。

文化内涵：由坚牢塔上的碑文可知，坚牢塔是闽王王延曦为自身及眷属、部下祈福所建，具有浓厚的佛教意味。塔每层佛龛供奉一佛，自下而上分别为"南无金轮王佛"（图2-7）、"南无当来下生弥勒佛"、"南无无量寿佛"、"南无多宝佛"、"南无药师琉璃光佛"、"南无龙自在王佛"以及"南无释迦牟尼佛"，七层共奉七尊佛。在这些佛龛的后壁上，还刻有捐资建塔者的名字。通过考证这些佛像，就可了解建塔者及当地民众的目的与意愿。南无金轮王佛为五佛顶尊之一，传说是依照咒文示现而成的，是诸佛顶中最为殊胜者，故按照此佛修行，即使造无量极重罪业，也能够超脱恶趣，并且迅速证得菩提。由此可知，人们希望通过供奉金轮王佛来消除罪业。弥勒佛为未来佛，将继承释迦牟尼佛的教义，先于释迦佛入灭，升往兜率天宫，等待时机成熟后，就回世间传播佛教。传说，他将降世的那个时期，地球犹如天堂一般，一年四季风调雨顺，人们长寿幸福，没有疾苦，无任何灾难，人心皆向善，可称为人间净土，这代表了建塔之人美好的理想。南无无量寿佛就是阿弥陀佛。阿弥陀佛光明无量，寿命也无量，并曾发四十八大愿，接引众生往生极乐。据说，临命终之人一心称念"南无阿弥陀佛"，即可被阿弥陀佛接往西方极乐世界，永远脱离生死轮回以及世间的苦恼，最终成就佛道。这说明了人民向往极乐世界的愿望。南无多宝佛为《法华经》增益法的本尊，是东方宝净世界之教主，能使众生具足一切世间、出世间财富。据传，凡十方世界有宣说《法华经》之处，多宝佛必定会从地涌出。礼拜多宝佛代表民众追求富贵的心理。南无药师琉璃光佛，简称药师佛，又称药师琉璃光如来、大医王佛、十二愿王等，是东方净琉璃世界之教主。药师佛曾经发十二大愿，救济一切众生的病痛，故许多生病的佛教徒都会念药师咒，以求去除病苦。人民通过敬奉药师佛，祈求身体健康，百病皆无。据说，南无龙自在王佛是释迦牟尼的化身之一，念他的名号可减轻甚至消除地震。因福州处于地震多发区，所以当地民众

图2-7 南无金轮王佛

常常塑造龙自在王佛像，以求家园安宁。南无释迦牟尼佛因是佛教的创立者，故成为佛教徒崇拜的主要对象之一。综上所述，坚牢塔上佛像的设计与安排，紧扣弘扬佛法的主题思想，构成了一个立体的佛国世界，寄托了建造者和当地民众祈福求平安的美好愿望。

据文献记载，坚牢塔原计划要造九层，那么，第八层和第九层会雕哪两尊佛像呢？虽然诸佛平等，无有高下，但为了随顺俗世的观念，佛像排列也要根据一定的次第。坚牢塔从一层到七层分别是金轮王佛、弥勒佛、无量寿佛、多宝佛、药师佛、龙自在王佛和释迦牟尼佛，因此，笔者推断，第八层和第九层有可能是迦叶佛与燃灯佛。迦叶佛居过去七佛之第六位，在释迦牟尼佛前一位，功德不可思议。据说，他还是释迦佛前世的老师，曾预言释迦将来一定会成佛。燃灯佛是纵三世佛中的过去佛，地位极其尊贵，传说曾为释迦牟尼佛授记，许多佛菩萨都是他的弟子。

在研究福州五代时期的历史、文化、民俗、艺术等方面，坚牢塔有着极其重要的价值。坚牢塔的造型具有唐宋建筑的特征，对于研究唐代楼阁式塔如何向宋代楼阁式塔过渡，具有重要的学术价值。此外，通过坚牢塔还可了解当时的历史状况。王延曦原计划要建九层塔，但因在天福九年（944年），被政变的部属所杀，结果塔仅建到第七层就被迫停工。我们从篆刻在塔壁上的塔记中可知，坚牢塔原计划建九层，共十六门，七十二角，六十二尊佛像，与塔目前的实际情况并不相符。此外，塔记中也没有标注塔的竣工日期。由于王审知之后的统治者一个比一个昏暴，再加上朝廷内讧不断，祸及百姓，所以，曾经盛极一时的闽国于945年便走向灭亡，仅仅存在了四十一年。因此，坚牢塔既见证了闽国早期经济的繁荣和浓厚的佛教气氛，也反映了闽国后期血雨腥风的岁月。坚牢塔旁边碑刻上的文字，就成为研究闽国历史的宝贵资料。《乌石山志》载："（乌塔）俗呼石塔，在南涧寺东。唐贞元十五年，德宗诞节，观察使柳冕（字敬叔，河东人）以石建，赐名贞元无垢净光塔。庾承宣记之。五代晋天福六年（伪闽永隆三年），王延曦重建，名崇妙保圣坚牢塔。"由此段文献可知，此塔原是唐贞元十五年（799年），福建观察使柳冕为祝贺德宗李适寿诞祈福，用石头垒建的"贞元无垢净光塔"。虽然该塔建成仅80年后，便被黄巢起义军所毁，但留下的石碑记述了当年柳冕建净光塔的情况；又过了62年，王延曦才在原址上再建坚牢塔。在千年的岁月里，坚牢塔可谓历尽沧桑。如在清道光十八年（1838年），因大风吹落塔石，导致塔身倾斜。民国时期，则被当作监狱使用。而如今只剩下身子的佛像，则是在"文化大革命"时期被砸毁的。

坚牢塔的选址也是有讲究的。古人认为，福州的地形极像一条龙，新店镇涧田村藏有龙窟山，站坂有龙峰境，湖前一带为卧龙山，屏山为龙腰山，而乌山、于山就是龙头。唐代闽籍文学家黄滔在《大唐福州报恩定光多宝塔碑记》中说："福州府城坐龙之腹，乌石、九仙二山耸龙之角。"其中的乌石、九仙就是指乌山和于山。于是，闽王便在乌山和于山分别建造坚牢塔和定光塔，而两塔也成为福州龙的双角。这只巨龙游过闽江南岸的龙潭角，向东入海而去，因此，坚牢塔有着福州龙脉之角的称号。

坚牢塔引来了许多诗人为之题诗，如明代林恕的《登石塔》诗云："晴霄高耸笔锋铦，海月江烟挂碧檐。地控诸天连北极，窗虚八面敞云帘。瑶池日照金莲净，碣石春摇竹笋尖。欲借乌山磨作砚，兴来书破彩霞缣。"表现了诗人丰富的想象力。 明代诗人洪士英的《登塔寺》诗云："寺废塔犹存，经年不启门。今梯间借上，石磴始能扪。鸡犬烟中市，桑麻雨外村。残碑虽剥蚀，仿佛辨贞元。"清代李家瑞的《登无垢净光塔》诗说："石塔撑空立，登临至上层。眼穷千里远，梦想十年曾。"因古时，乌山以南是一片田野，站在塔顶可望见闽江两岸的无限风光。清代杨庆琛的《净光塔》诗云："影如文笔依南涧，势作香台耸道山。插汉鸟窥天咫尺，旋空人与石回环。"表达了作者站在塔顶欲展翅飞翔的感觉。文人们的赞美更增添了坚牢塔的文化底蕴。

如前所述，坚牢塔与福州民俗有着很大的关系，每逢重大节日，都会在塔上点花灯。特别是每年八月中秋节，坚牢塔灯火辉煌，热闹非凡，成为福州市民节日活动的场所。如今，塔檐安装了近3100米长的光带，檐角石佛下安装了112个投光灯，一到夜晚，灯火通明，既给榕城增添了亮丽的夜景，也再现了福州的民俗遗风。

坚牢塔经过千年的洗礼，如今已成斜塔。据《乌石山志》载，早在清

图2-8　文光宝塔

道光年间，当地工匠就发现石塔开始向偏南方向倾斜，并提出解决的措施。1957年，当地政府进行了重修，专家以灌浆填补裂缝，并以铁箍对塔进行加固，但并没有根本解决倾斜的问题。目前，南面一层塔身还立有一块塔碑，上刻"一九五七年重修"。1999年，福州市建筑设计勘察院在对坚牢塔塔身进行数次监测后，确认塔身向东南方向倾斜达2.1度。而按目前的年倾斜率测算，乌塔将会在几十年后坍塌。当地政府对这一问题十分重视，特请专业的文物修复工程队对坚牢塔进行加固和修复。如今，工程队用一根铁杆牢牢地固定在塔的西北处，希望能阻止塔的继续倾斜。

## 3. 文光宝塔（图2-8）

位置与年代：文光宝塔位于鼓楼区于山定光寺东面的戚公祠旁边，建于北宋末期，鼓楼区文物保护单位。

建筑特征：文光宝塔为平面八角七层楼阁式花岗岩实心石塔，高8米。单层八边形须弥座，圭角层边长0.85米。束腰高0.28米，边长0.62米。上枋高0.13米，边长0.67米。束腰与上枋素面无雕刻，底边八角雕塔足，塔足之间镌刻云纹图案。塔身第一层高

图 2-9　文光宝塔塔檐

0.43 米，边长 0.4 米，南面门额刻"文光宝塔"四字楷书，每字高 0.09 米，宽 0.08 米。层间八角飞檐（**图 2-9**），檐角翘起，雕筒瓦、瓦当与滴水，但每层塔檐都有所残缺。塔身每层转角立半圆形塔柱，柱头隐刻一斗三升。塔身每一面佛龛内各雕一尊结跏趺坐于莲盆之上的佛像，佛像的面目已十分模糊。第一层佛像高 0.23 米，宽 0.13 米。八角攒尖收顶，相轮式塔刹。文光宝塔原位于福州仓山区城门镇，因破损严重，部分倒塌，1982 年，福州市文物管理局将其按照原状移到戚公祠旁后，又重新建须弥座与塔刹。如今的文光宝塔，唯独新建的须弥座和塔刹比较粗糙。如对比福州北宋时期的同类楼阁式石塔，可知文光宝塔的须弥座应该雕刻有狮子和仰覆莲花瓣。

　　文化内涵：文光宝塔原坐落于福州城门镇城门村东南方的山顶上。据说，北宋年间，城门村曾有林、郑两大姓，村民希望本村学子能够科举高中，以摆脱官府的欺凌压榨。经过风水先生的实地考察，就在村东南方的

图 2-10　武威塔

山巅之上建此石塔。巧合的是，塔建成之后的南宋绍兴二十七年（1157 年），郑昂考中进士；乾道二年（1167 年），郑昂之子郑湜又中进士，官至刑部侍郎等职。之后，林氏家族的林执善又进士及第。城门村一时文风兴盛，村民于是称文光宝塔所在之山为"鳌顶峰"，又把山上一处巨石称作"鳌星岩"。

## 4. 武威塔（图 2-10）

位置与年代：武威塔位于鼓楼区于山戚公祠西面，建于北宋年间，鼓楼区文物保护单位。

建筑特征：武威塔为平面八角六层楼阁式花岗岩实心塔，高 7 米。八角形单层须弥座，束腰高 0.32 米，边长 0.55 米，素面无雕刻，上枋高 0.24 米，边长 0.57 米，每面刻几何形水平图案。每层塔身上方均再设一层凸出的八角形条石承托塔檐，每面刻有长方形图案。塔身每面佛龛内浮雕结跏趺坐于莲盆之上的佛像（图 2-11），双手合十或结禅定印。武威塔塔檐上方没有雕刻筒瓦、瓦当和滴水，而外形为隆起的优美曲线，塔檐底部呈凹形，造型犹如莲花瓣，美观大方，这与福建其他古塔塔檐底部为凸形不同。第一层塔檐每边长 0.76 米，二、四、五层塔檐已有所残缺。八角攒尖收顶，塔刹为五层相轮。武威塔原名螺洲石塔，位于福州仓山区螺洲镇吴厝村孔庙北侧，后来石构件损坏散落，2006 年被福州文物管理委员会迁移到于山，并重新修复，用于纪念戚纪光诞辰 480 周年。据文献记载，螺洲石塔原为七层，但如今却只有六层，而且第六层还是用新的石料，应该是原有构件丢失所致。

文化内涵：武威塔原坐落于福州螺洲镇，紧临乌龙江，是座风水塔，具有镇邪之用。据清代的《螺洲志》记载："罗汉园，有堂在广福寺之东，东聚堂之西，不知废于何时……后人倚大江为险，聚群不逞，出入江畔，为人患，后被官兵剿灭，枭其首。此园久而为厉，居民乃建罗汉堂造小塔以压之。"由此推断，武威塔本作镇压恶鬼的魂魄之用。

图 2-11　武威塔佛像

图 2-12　开元寺石塔

图 2-13　开元寺石塔塔檐

## 5. 开元寺石塔（图2-12）

位置与年代：开元寺石塔位于鼓楼区尚宾路尚宾花园小区内，在福州开元寺西侧围墙外面，原本是开元寺的附属建筑，建于北宋年间。

建筑特征：开元寺石塔为平面八角七层楼阁式实心塔，高7.5米。须弥座基本被水泥埋没，只剩后来重修的上枋露出地面，边长0.7米。第一层塔身高0.42米，边长0.57米，塔檐为重修的，每边长0.93米。第二层塔身高0.41米，边长0.54米。往上各层略有收分，但不明显，塔身每面当间辟佛龛，除一层的佛龛雕刻一佛二菩萨造像外，其余均是雕坐佛。层间以单层混肚石出檐（图2-13），中间平直，檐角翘起，雕瓦垄、瓦当与滴水等。檐角留有孔洞，作挂风铃之用。佛经中有说，如供奉"铃铎"于佛塔，生生世世能得到好声音。除此之外，风铃响起，还能起到静心、警示、祈福、保平安等作用。塔檐上施假平座，平座每面浅浮雕两个菱形图案。八角挑檐收顶，塔刹已无存。开元寺石塔整体建筑风格与文光宝塔相似，应是同一时期建造的。如今的开元寺石塔紧靠着居民楼，塔身发黑，破损严重，许多构件已开裂，一、二层塔檐均为近年用水泥修补的，很不协调。

文化内涵：福州开元寺是福州地区现存最古老的佛教寺庙，始建于梁太清二年（548年），唐开元二十六年（738年），正式改名为开元寺。抗战期间，开元寺遭到日本飞机轰炸，许多殿堂被毁。经大规模重修后，如今的寺院焕然一新。寺内保存有铸于北宋元丰六年（1083年）的大铁佛，为阿弥陀佛坐像。另外，还遗留三个宋代贮水石槽，其中一个刻有铭文，为北宋大观二年（1108年）所造。笔者在此希望，开元寺能把石塔移入寺中，并重新按照原样进行修复。

## 6. 报恩定光多宝塔（图2-14）

位置与年代：报恩定光多宝塔又名定光塔，俗称白塔，屹立在鼓楼区于山历史风貌区西麓的白塔寺内，是闽王王审知为去世的父母祈求冥福，

图2-14　定光塔

于唐天祐元年（904年）建造的。唐天祐二年（905年），又在塔边建定光塔寺，又称白塔寺。据传，在挖塔地基时发现一颗明珠，所以取名报恩定光多宝塔。最初，定光塔内部砌砖轴，单单轴心就用了40万块砖，然后外环木构楼阁，是一座高达66.7米的八角七层楼阁式空心塔。可惜的是，明嘉靖十三年（1534年），塔遭雷电击中后焚毁。嘉靖二十七年（1548年），福州乡绅龚用卿、张经等人集资重建该塔。重建时，以残缺的原塔轴为塔身，内设盘旋式木梯，建成八角七层、高45.35米的楼阁式空心砖塔。因塔壁涂白灰，又被称作白塔。再经数次重修后，才成为如今的建筑样式，为福建省文物保护单位。

　　建筑特征：定光塔坐北朝南，偏东4度，塔基占地面积458.15平方米，建筑面积1173.22平方米，塔身外围有高0.63米、每边长9.74米的唐代八边形须弥座女墙，束腰为浮雕瑞兽等。女墙与塔基之间有4.97米宽石板铺面的塔埕。八角形塔基较低矮，只有0.16米高，每边长5.13米，略有束腰，刻如意卷草纹，具有浓郁的明代气息。第一层塔身南面开一拱形木门（图2-15），旁边塔壁镶嵌一块石碑，上刻有清道光年间，福州学者孟超然撰写的《重修报恩定光塔记》。此外，每隔一面辟一拱形佛龛，共有3个佛龛。

图2-15　定光塔塔门

二至七层也基本如此。第二层北面开门，三至七层每个塔门均旋转 90 度，相互错开，这是大型楼阁式塔常用的方式，可降低地震和台风的侵害。塔身每层转角立外砖内木构的圆形塔柱，柱头栌斗雕莲花造型。每一层塔檐均为三层叠涩出挑砖拱，一、二层为平砖叠涩，三层为混肚形叠涩。塔檐盖板为石制，檐口水平，两端微微翘起，雕有瓦垄、瓦当、滴水等，瓦当刻有花卉图案。二至七层设平座与栏杆，围栏高 0.63 米—0.74 米，后来又加高一圈铁艺栏杆。第一层塔墙 4.13 米厚，往上逐层收分，到了第七层塔墙只剩 2.45 米厚。塔顶斜铺石制仿瓦垄盖板，塔刹为铜制葫芦造型。塔心室为空筒式结构，采用螺旋式木构阶梯（**图 2-16**），盘旋而通顶层，其中一层十六级，二至七层都为十八级，每级楼梯运用榫卯结构合理地结合在一起。定光塔建在坚固的塔基上，以福州本地特有的穿斗式木构架为基础，再砌上砖墙，把木构架包裹于中，为典型的砖木混合塔。近年来文物部门对塔进行过修复。在塔身内外侧使用了水泥砂浆，运用现代白色涂料刷面。塔内地面没有用原有材料，而是以水泥涂抹，现已出现裂痕。原有楼梯表层外加钉一层木板。定光塔除了塔檐为深灰色，其余部分通体雪白，显得冰清玉洁，体现了佛教的纯正与高贵。

定光塔作为福州的地标建筑，是福建体量最大的楼阁式砖塔，高度仅次于泉州镇国塔，是福州城最具核心价值的两山两塔两街区的重要组成部分，为研究福州古城的选址与风水提供依据，具有极高的文化价值。如 1963 年，在塔周围发现了唐代的青石须弥座束腰雕刻 15 方（**图 2-17、2—18**），分别为海国神话、龙王献宝、狮子、牡丹等图案。其中，有一幅图描绘两人在波涛汹涌的大海中追逐，天上飘着云朵。虽然人物头部已破损，但动态逼真。另有一幅图为一人右手高举马鞭，左手紧握缰绳，驾驭着一匹马在海里奔跑。那匹战马的头高高抬起，矫健俊美，别具风姿。还有幅图为两只狮子紧咬飘带，四肢展开，身体粗短，弯成弓形，显得强壮有力。每幅雕刻之间立竹节柱，柱上雕刻仰覆莲花瓣与卷草纹。这些浮雕雕工细致，现被竖立于塔四周加以保护，为研究福州唐代石雕工艺提供了珍贵的实物资料。

文化内涵：民间传说，明嘉靖年间，定光塔被雷电击中而焚毁后，有

图 2-16　螺旋式阶梯

图 2-17　须弥座浮雕

图 2-18　须弥座浮雕

师徒二人负责重修。徒弟自认清高，贸然自己建塔，结果塔身发生了倾斜，只好请师父帮忙。师父为了扶正塔身，劳累而死。徒弟十分伤心，于是就把塔身外壁涂成白色，以缅怀师父。自此以后，定光塔又被称作白塔。

定光塔、坚牢塔与于山、乌山、屏山，合称"三山两塔"，是福州的风水龙脉所在。唐天复年间（902 年），节度使王审知筑罗城时，三山两塔都不在其中。　明洪武四年（1371年），驸马都尉王恭修建福州旧城时，在罗城的基础上进行扩建，才把三山两塔纳入城中。

2015年，福州市规划局出炉了有关定光塔的一系列保护措施，分别对塔的各个建筑构件提出相应的修缮方法。如采用物理手法清洁唐代须弥座雕刻的表面污垢；内外墙身抹灰，部分铲除重抹，而且墙面的抹灰工程运用传统材料和工艺；对塔心室的木框架进行加固、修补，对变形歪闪的构件和节点进行调整，并做防腐处理；加固木楼梯，更换或修补部分构件；拆除平座上的铁艺栏杆，改为砖砌，并涂上白灰；隐蔽塔檐上的电线，拆除夜景灯；采用高标准的防雷措施，等等。

定光塔所在的于山，文物古迹众多，是福州重要的历史风貌区，有白塔寺、戚公祠、于山大士殿、福州碑廊、九仙观、法海寺以及多处名人故居等，环境优美，树木茂盛。定光塔保护规划所确定的保护范围为，东至戚公祠西围墙，西至新权路，南至古田路，北至福州警备区宿舍南侧，总体面积2.86万平方米，并对塔周边建筑进行高度分9米以下和24米以下两级控制区，对不协调建筑进行整改，对超高建筑进行降高，使得周围建筑在样式、高度、体量、色彩等方面与定光塔保持协调，打造"显山露塔"的特色景观，充分展现于山的历史风貌。

# 7. 西禅寺塔林（图2-19）

位置与年代：西禅寺塔林分别为慧棱禅师塔、乐说禅师塔、微妙禅师塔、性慧禅师塔、谈公禅师塔，均建于清代，近代有修缮过，为福州市文物保护单位。

建筑特征：这5座墓塔均为窣堵婆式石塔。其中，慧棱禅师墓塔（图2-20）又名超觉塔，即唐长庆僧慧棱之藏骨塔，原建于五代后唐长兴三年（932年），清代重建时使用了部分原构件。石塔高3.8米，单层八边形须弥座，每边长0.81米，塔足如意形，束腰雕双狮戏球、花卉等图案。钟形塔身正面嵌青石塔铭，刻"慧棱禅师之塔"，塔刹为八角攒尖顶，如同一把小雨伞。慧棱禅师是杭州人，中国著名禅宗大德义存禅师的徒弟，修行

图 2-19　西禅寺塔林

刻苦，曾经在闽侯雪峰寺禅堂坐破7个蒲团，为西禅寺在五代的兴盛做出较大贡献。于吴越宝正七年（932年）五月十七日，在西禅寺圆寂。

乐说禅师塔建于清康熙三十四年（1695年），高2.21米，单层须弥座，如意形圭角，束腰雕花卉图案。鼓形塔身正面塔铭刻"重兴长庆乐说禅师塔"。

微妙禅师塔建于清光绪年间（1871—1908年），高2.3米，单层须弥座，如意形圭角，束腰雕刻松鹤、麋鹿等图案。鼓形塔身正面塔铭刻"微妙禅师塔"，塔刹为八角攒尖顶。微妙禅师曾在清光绪年间主持重建西禅寺。

性慧禅师塔建于清代，高2.2米，单层须弥座，束腰无雕刻，如意形圭角。钟形塔身正面塔铭刻"性慧禅师塔"。

谈公禅师塔建于清代，高3.8米，单层须弥座，束腰雕刻双狮戏球等，如意形圭角。钟形塔身正面塔铭刻"谈公禅师塔"。

文化内涵：西禅寺又名长庆寺，位于福州西郊怡山，始建于唐代，为福建五大禅林之一，规模宏大，是全国重点寺庙

图 2-20　慧稜禅师塔

## 8. 国魂塔（图 2-21）

位置与年代：国魂塔俗称小塔仔，位于鼓楼区于山戚公祠旁的一块巨大的岩石之上，建于民国时期。

建筑特征：国魂塔为平面八角六层楼阁式实心石塔，由一整块花岗岩雕成，高 1.8 米。塔基为双层，一层为圆状覆钵形，刻双层覆莲花瓣；二层为须弥座，没有束腰，上枭直接叠加在一起，下枭刻双层覆莲瓣，上枭刻双层仰莲花瓣。一至六层塔身宽度基本一致，塔身转角施竹节柱。每层设塔檐，出檐较短，宝葫芦式塔刹。

文化内涵：据说，国魂塔原是为了防地震而建。塔下岩石造型像武将的头盔，刻满碑刻文字，有原十九路军将领丘国珍题的"国魂"碑刻。既然要防地震，为何只建了这么一座小塔？或许在古人看来，只要压住这块大石头，就能镇住福州的地震了。

图 2-21　国魂塔

# 第三章
# 仓山区古塔纵览

仓山区古称藤山，位于福州城区南部，北面临闽江、南面为乌龙江，其实是一座岛屿，地形主要为平原或丘陵，号称"琼花玉岛"。仓山区目前保留有 6 座古塔，都是楼阁式实心石塔。

## 1. 金山寺塔（图 3-1）

位置与年代：金山寺塔位于仓山区建新镇洪塘村，屹立在乌龙江江心小岛上的金山寺内，为福州市文物保护单位。据《洪塘志》记载："金山江心矗起，形象印浮水面，似江南镇江，故曰小金山。有塔七级，故曰金山塔寺。"另据《榕城考古略》记载："江渚突出一阜，随潮高下，水涨而山不没，名小金山，形象以为印浮水面，中有石塔。"

建筑特征：金山寺塔建于南宋绍兴年间（1131—1162 年），为八角七层楼阁式空心石塔，高 11.5 米，逐层收分，全塔使用 185 块白梨石砌筑而成。塔基为双层须弥座，一层须弥座素面，每边长 1.047 米。二层须弥座下方塔足雕如意圭角（图 3-2），圭角之间刻对称云纹图案，束腰素面。层间出檐较短，塔檐中间平直，两端檐角翘起。每层塔身转角顶部以短拱出挑承托塔檐。每层塔身四面开拱形窗，位置逐层相互错开。八角攒尖收顶，宝葫芦式塔刹。金山寺以石塔为中心，前为妈祖阁，后有大悲楼，北面为"怡

图 3-1　金山寺塔

图 3-2　金山寺塔如意形圭角

怡斋",南面是"借借室"。石塔因被殿堂包围,故四周空间狭小。

文化内涵:金山寺塔坐落于岛上,除有佛教教化功能外,还具镇水妖的作用。作为闽都的奇特景观之一,前来金山寺游玩的历代文人墨客络绎不绝。元代福州官员王翰的《夜宿洪塘舟中次刘子中韵》诗曰:"胜地标孤塔,遥津集百船。岸回孤屿火,风度隔村烟。树色迷芳渚,渔歌起暮天。客愁无处写,相对未成眠。"1879年,近代著名教育家陈衍在重阳节前两天游金山寺时作《九月初七日同人集塔江金山寺》。其诗曰:"面面江光碧且涟,抽帆绝好纳凉天。此间置我应三日,独树于人长百年。胜地布金方丈小,佳名浮玉覆杯圆。衣裳山水清晖里,坐到忘归憺可怜"。这些诗句生动地描述了当年金山寺塔及其周边优美的景象。

金山寺(图3-3)始建于南宋绍兴年间(1131—1162年),为福州唯一的水中寺,小巧玲珑,是一座佛道兼容的寺庙。因建于江中浮出水面的礁石上,与镇江金山寺颇为相似,所以号称"小金山"。目前的建筑为1934年重建,寺内还有一株繁茂苍翠的古榕树。四面环水是金山寺独特之处,真可谓"寺在水中,水环小寺"。

图3-3 金山寺

## 2. 林浦石塔（图3-4）

位置与年代：林浦石塔又名绍岐石塔，原名明光宝塔，位于仓山区城门镇林浦村闽江边的绍岐渡口，仓山区文物保护单位。

建筑特征：林浦石塔建于南宋绍熙四年（1193年），花岗岩建造，高7米。塔基为三层须弥座，第一层须弥座每边长2米，塔足雕如意圭角，一、三层须弥座上下枭刻仰覆莲花瓣，束腰镌刻"绍熙四年仲重修"。每层塔身由一块岩石雕刻而成，塔身上的佛龛内均有结跏趺坐的佛像。层间单层出檐，檐口略有起翘，塔檐凿刻筒瓦、瓦当与滴水。塔檐由两块岩石拼接而成，拼接处已开裂。塔檐上方施假平座，平座由两块岩石组成。第六层塔檐下楷书"明光宝塔"四字。八角攒尖收顶，塔刹只剩覆钵状造型，犹如印度早期的窣堵婆。

文化内涵：林浦石塔与鼓山、魁岐炮台隔闽江相望，周边风光秀丽。石塔的西北面是一江心岛，阻挡了闽江东流而下的部分江水。这里正好位于三江口，在古代是一个渡口，名绍岐渡。此处水流较为缓慢，是历史悠久的水上交通要道，进出福州城的船

图3-4　林浦石塔

47

舶都会经过这里。人们为了保护过往船只的安全，就在渡口边建造了这座石塔，用以镇水妖。虽然林浦石塔并不高大，但四周极为开阔，后来成为闽江水运的航标塔。据说，德祐二年（1276年），南宋益王赵昰在陆秀夫、陈宜中、张世杰等人的护送下，由绍岐渡登岸来到林浦村，后于同年五月在福州称帝，是为端宗。

### 3. 壁头石塔（图3-5）

位置与年代：壁头石塔位于仓山区城门镇壁头村农民公园内，建于明嘉靖年间（1511—1566年）。

建筑特征：壁头石塔为平面八角三层楼阁式实心石塔，高约2.6米。单层八边形须弥座素面无雕刻，圆形下枋是新建的，高0.18米，束腰高0.42米，每边长0.47米，上枋高0.1米。须弥座上方置两层向内收分的八边形石座，一层高0.12米，边长0.47米；二层高0.13米，边长0.4米。第一层塔身（图3-6）高0.3米，边长0.29米—0.3米，塔身每面分别刻"东园吴建嘉靖丁卯"；二层塔身高0.36米，边长0.28，米，刻"乡音大明"；三层塔身高0.25米，边长0.25米，每面刻壸门。一、二层塔身层间八角塔檐出跳，高约0.2米，

图3-5 壁头石塔

图3-6 壁头石塔塔身

两檐角相距0.4米。四角攒尖收顶，宝葫芦式塔刹。壁头石塔二、三层之间没有塔檐，两层塔身直接叠在一起，感觉很不协调，笔者判断原先应该有塔檐，只是后来丢失了。整座塔建造得比较粗糙，多处已破损。

文化内涵：壁头村位于闽江南岸，而壁头石塔原先坐落于闽江岸边的码头上，是座降妖镇邪，以保过往船只平安的风水塔。

## 4. 清富石塔（图3-7）

位置与年代：清富石塔位于仓山区城门镇清富村江边的堤岸上，建于清康熙年间（1661—1722年）。

建筑特征：清富石塔为平面四角六层楼阁式实心花岗石塔，高7.2米。第一层塔身直接立于地面，每边长1.5米。层间以伸出的石板为塔檐，一到六层檐口

图3-7　清富石塔

平直，第七层塔檐雕瓦当、瓦垄等，檐角翘起。塔身层层收分，立面如同一个梯形，以条石横竖交叉叠加垒砌而成。宝葫芦式塔刹。石塔塔身素面无雕刻，朴素粗糙。

文化内涵：塔旁原有一座石桥，但早已被毁。塔附近有一座三刘尊王庙，庙内收藏一块木制《三刘王记》横匾，文中记载："王、刘、黄三姓于康熙十余年迁丘安。三面傍山，一面傍水，人居不利。傍山开道路，傍水则树竹

图 3-9　石步塔仔塔檐

木及桥、塔"。通过文献和地理位置可以得知，清富石塔主要有 3 个作用：①清富村三面靠山，东南向为乌龙江与闽江交汇处，水流大，常年水患不断，不宜人居住，于是建塔以镇邪。②清富石塔作为一座桥头塔，有保护石桥和当地民众的作用。③清富石塔位于南台岛的最南端，塔对面是乌龙江与闽江的汇合处，江面开阔，水流湍急，因此建塔以镇水妖，确保过往船舶的安全。一座简易的石塔，寄托了人们众多的美好愿景。

图 3-8　石步塔仔

## 5. 石步双塔（图 3-8）

位置与年代：石步双塔位于仓山区城门镇龙江石步村乌龙江边，一座名石步塔仔，另一座名石步水塔，均建于清代，仓山区文物保护单位。

建筑特征：石步塔仔为平面六角七层实心石塔，高 4.8 米，清秀挺拔。

塔座和一层部分塔身已被埋于地下。塔身逐层收分，第六层塔身四面辟佛龛，内雕高0.33米、宽0.24米的坐佛，神态端庄古朴。层间以仿木构挑角出檐（图3-9），凿有筒瓦、瓦当和滴水，檐口翘起。六角攒尖收顶，宝葫芦式塔刹。石步塔仔的旁边就是天后宫。原本四周风光秀丽，但如今变得拥挤凌乱。

石步水塔（图3-10）位于塔仔东北面400米处，平面四角七层楼阁式实心石塔，高2.7米，塔基已被土石掩埋。层间以仿木构挑角出檐，檐角略有翘起。塔身逐层收分，四角攒尖收顶，宝珠式塔刹。整座塔素面无雕刻，极为简朴。

文化内涵：石步村有许多造型各异的岩石，所以称作石步。村民认为这些石头是当地的宝贝，因此建石塔用以镇住这些岩石，以防石头带走风水。近年来，村民在塔周围私搭乱建，特别是石步水塔，早已被民居团团围住。而一堵紧靠着塔身的砖墙，更是将塔的神圣性和审美性破坏殆尽。

图3-10　石步水塔

# 第四章
# 马尾区古塔纵览

马尾区位于福州东部，闽江下游的北岸，离闽江口 17 公里，地形以丘陵为主，是著名的贸易港口，有着"国家级生态区"的称号。目前，马尾只保留着罗星塔这一座楼阁式空心石塔。

## 罗星塔（图 4-1）

位置与年代：罗星塔位于马尾区海拔 60 余米高的罗星山上。罗星山原是闽江的江心岛，犹如磨之轴心，故该塔又名磨心塔。后来，由于常年的泥沙堆积，罗星山最终与江岸连成一片。罗星塔原建于宋代，明万历年间（1573—1620 年）毁于海风，明天启年间（1621—1627 年）由福州著名学者徐勃等人重建。

建筑特征：罗星塔为平面八角七层楼阁式花岗岩空心塔，高 31.5 米，单层须弥座，塔座直径 8.6 米。塔身逐层收分，高大挺拔，素面无雕刻。第一层塔身西南面开一个拱门（图 4-2），其余七面当间辟方形券龛，二至七层均开两门，其余六面当间辟方形券龛，塔门位置逐层互相错开。每层塔身转角立有方形塔柱，柱头栌斗上为五铺作双抄斗拱（图 4-3），栌斗上先出一跳华拱，拱上安置一斗，斗上再出一跳华拱承托平座。层间为双层混肚石叠涩出跳，其中，第一层混肚石下方施额枋，二层混肚石下施

图 4-1　罗星塔

图 4-2 罗星塔塔门

图 4-3 罗星塔塔檐斗拱

图 4-4 罗星塔塔心室

罗汉枋。混肚石上方直接安置平座，没有采用常见的塔檐形式，这种奇怪的样式在福建大型楼阁式塔中还极少见到。这也许是因为罗星塔原耸立于江心，四周空旷，极易遭到台风的正面袭击，如果建仿木构式塔檐，很容易被破坏，而如今这种混肚石直接加平座的做法，虽然在外观上不如其他有塔檐的石塔美观，但却颇为坚固，说明当年建造者用心良苦。平座上的铁栏杆是 1961 年维修时增设的，与塔很不协调。第二层西南方有一方清乾隆时福州郡守李拔所撰的塔铭，称罗星塔为"中流砥柱，险要绝伦，以靖海疆，以御外侮"。八角攒尖收顶，相轮式塔刹。清同治五年（1866 年），清廷设船政于马尾，为防止古塔被雷电击毁，员工在塔刹上安装一大铁球，铁球上再插避雷针，针连铁条通江底，于 1926 年重新改造安装，如今为一颗红色铁球。塔心室（**图 4-4**）与坚牢塔、仙塔、瑞云塔等福州其他的楼阁式空心石塔一样，为穿心绕平座式结构，从第二层开始，每上一层需顺着平座环绕塔壁半圈，然后才从另一个塔门进入。

文化内涵：相传，罗星塔是宋代柳七娘所建。据王应山《闽都记》载，柳七娘是广东岭南人，随夫到福建做苦役，后来丈夫被压迫致死，她为了给亡夫祈求冥福，变卖家产，在马尾闽江中的礁石上建造一座石塔。罗星塔后来成为航标塔，是国际公认的海上重要航标之一，也是闽江门户的重要标志。明初时，《郑和航海图》绘有此塔，之后被收入《航海针经图册》，世界邮政地名称其为"中国塔"。罗星山形势险要，系兵家必争之地。清光绪十年（1884 年），中法在罗星塔对面的马江海面激战，炮火还炸毁了塔刹的顶尖。罗星塔弹痕累累，见证了马江海战的惨烈和福建水师官兵为国捐躯的壮举。

罗星塔所在的罗星山为一凸出的半岛，屹立于三江汇合处，三面环江，东北面是闽江入海口，西北面是福州市区，南面为长乐，正好锁住福州的水口，护住福州城的风水。

# 第五章
# 晋安区古塔纵览

晋安区位于福州市区的东北部，原是福州的郊区，自古以来就是"入闽通道"和福州"通京要塞"，是闽越文明发祥地之一。由于晋安区山林较多，历代建有许多佛寺，因此保留有大量舍利塔。目前，共有29座古塔，其中楼阁式塔4座，窣堵婆式塔15座，宝箧印经式塔3座，五轮式塔2座，经幢式塔1座，亭阁式塔4座。

## 1. 隐山禅师藏骨塔（图5-1）

位置与年代：隐山禅师藏骨塔位于晋安区林阳寺西侧半山坡的密林中，坐北朝南，始建于南朝陈天嘉二年（561年），晋安区文物保护单位。塔上刻有"永定辛巳四月小师行津等立"。据考证，永定年号只有3年，即557—559年，故永定辛巳年应是天嘉二年（561年）。因当时的福州为晋安郡，太守陈宝应反陈，封锁陈文帝登基的消息，使得造塔僧人行津等不知年号已经改为"天嘉"，仍然使用永定年号，所以才出现"永定辛巳"的错误。

建筑特征：隐山禅师藏骨塔为窣堵婆式石塔，高1.75米。单层八角形须弥座（图5-2）高0.8米，座下设八个如意形圭角，圭角层高0.26米，两个圭角中心相距0.62米。下枋高0.11米，每边长0.55米。下枭高0.14米，施覆莲花瓣，但已模糊不清。束腰高0.21米，每边长0.36米，每面刻壸门，

图 5-1　隐山禅师藏骨塔

图 5-2　隐山禅师藏骨塔须弥座

转角施三段式竹节柱。上枋高 0.05 米。须弥座上方设一个高 0.14 米的覆莲座。塔身高约 0.76 米，周长 2.9 米。南面佛龛高 0.32 米，宽 0.31 米，中间嵌石碑，刻楷书"隐山　永定辛巳四月小师行津等立"。此塔为福建地区现存最早的古塔，但根据目前的形制判断，应该是明代重建的，有用到部分原构件。

文化内涵：根据隐山禅师塔上记载的年代，可推断出 560 年之前，这里就有寺庙，后来逐渐发展成林阳寺。林阳寺距福州市区 19 公里，是汉族地区佛教全国重点寺院，也是"福州五大丛林"之一，建于五代后唐长兴二年（931 年），明万历和清康熙年间重修，现存建筑为民国元年（1912 年）古月和尚仿效鼓山涌泉寺形制修建的。

## 2. 释迦如来灵牙舍利宝塔（图 5-3）

位置与年代：释迦如来灵牙舍利宝塔位于晋安区鼓山涌泉寺藏经阁内。该塔的建造年代说法不一，一说是在五代时期，但还需考证。

建筑特征：释迦如来灵牙舍利宝塔为宝箧印经式铁塔，外表贴金，高约 4.2 米。双层须弥座，一层须弥座束腰刻狮子、花卉等；二层须弥座上下枭刻仰覆莲花瓣，束腰为花卉图案。四方形塔身正面开两小孔，上方横

图 5-3 释迦如来灵牙舍利宝塔

刻楷书"释迦如来灵牙舍利宝塔"。塔身最上方刻仰莲瓣。塔顶四角立四朵山花蕉叶，相轮式塔刹。

文化内涵：据说，舍利塔内供奉一枚佛牙与许多舍利子。这枚佛牙长 6 寸，宽 5 寸，重 78 两，是明代居士林弘衍所捐。清顺治十七年（1660 年），道霈禅师的《建正法藏殿记》中载："灵牙，三山林公得山居士所施也。居士得是牙于燕京古寺中，纵六寸，广五寸有奇，重七十八两，其大龈如金，细齿如玉，坚好香洁，盖是过去古佛大牙，实希有之灵踪也。"清施鸿保的《闽杂记》中载："佛牙亦以檀香木为匣，一面嵌玻璃，可以呈现。高三寸余，上削下宽，根圆，径五寸，淡黄白色。近根处有微红纹数缕，若血筋未枯者。"这两段文字详细描述了佛牙的形态特征。

1972 年，考古人员开启舍利塔后，发现一只透明水晶瓶，内藏有半粒米大小，或粉红色，或白色，或浅黄色的舍利子。此外，还发现一个明成化年间（1465—1487 年）的青花瓷盂的石函。瓷盂内先套银盂，再套金盂，内藏 60 余粒舍利子。石函底部的一块石刻记录了这些舍利的来龙去脉。原来舍利是北宋皇祐元年（1049 年），曹太后取出存放在江苏洪福寺塔内的，明代时被居士曹安祖所得，之后又归元贤和尚所有，后来有 78 粒舍利送往鼓山涌泉寺。最后的落款为"清顺治末鼓山涌泉寺主持道霈"，说明舍利是在顺治年间（1644—1661 年）传入涌泉寺的。

## 3. 千佛陶塔（图 5-4）

位置与年代：千佛陶塔位于晋安区鼓山涌泉寺天王殿前大埕上，建于北宋元丰五年（1082 年），其

图 5-4　千佛陶塔

图 5-5　千佛陶塔须弥座

图 5-6　千佛陶塔仿木结构

中东塔名"庄严劫千佛陶塔"，西塔名"普贤劫千佛陶塔"，两塔造型相同。这两座塔原位于福州仓山区梁厝村建于北宋的龙瑞寺内，后因龙瑞寺被毁，陶塔破损严重，1972年就被迁移到鼓山涌泉寺，并组织相关学者与工匠进行整修，使之重新焕发出风采。佛教经典中有三千佛名经三卷，一是《过去庄严劫千佛名经》，二为《现在普贤劫千佛名经》，三曰《未来星宿劫千佛名经》，谓此三劫中各有千佛出世，而这两座陶塔上的佛像，正是表现过去和现在的千佛，故名"千佛陶塔"。我国著名园林学家陈从周先生在《闽中游记》中指出："山间前有新移北宋陶塔二，秀美如杭州闸口白塔，国宝国宝。"

建筑特征：千佛陶塔为仿木楼阁式陶制实心建筑，八角九层，高6.83米。塔座为一大一小相互叠加、高度为1.2米的双层须弥座（**图5-5**），底层为石制基座，八角各有一个如意形圭角。第一层须弥座束腰八个转角各有一尊力士，第二层须弥座有七面束腰壶门为狮子，还有一面刻造塔铭文，束腰转角为竹节柱，上枭为仰莲瓣。双层须弥座结构层层上拔，内收外展，节奏明朗，遒劲自然，富有层次感，而且双层须弥座使塔体重心在下，塔身更加坚固，有利于塔的稳定性。陶塔外表忠实地模仿木制楼阁的结构（**图5-6**），突出斗拱、梁、枋等各种构件的特点与作用。每层角柱施转角铺作，一到七层每面各施一朵补间铺作，第八、九层未施补间铺作。一至七层的转角斗拱为八铺作双抄三下昂，立柱上方为方形栌斗，栌斗上出华拱承托塔檐翘角，檐下伸出三支角昂向上作支托。其中，第一挑角华拱的跳头施瓜子拱承托罗汉枋；第二挑角华拱为重拱计心，跳头施瓜子拱，而慢拱承托罗汉枋；第三挑为角昂，跳头施承罗汉枋的瓜子拱；第四挑角昂为偷心造，最后一挑施角昂，上方直接安置椽檐方。昂首如《营造法式》中的"批竹昂"形式，斜杀向下，与向上的塔身形成反方向的节奏感。第八、九层转角铺作比其他层减少一跳，为单抄三下昂。第一至七层的补间铺作比其转角铺作少一跳，为七铺作双抄双下昂，栌斗位置施"叉手斗子"。总之，千佛陶塔的斗拱结构较为复杂，体现宋代建筑的成就，在福建所有楼阁式实心塔中首屈一指。陶塔有一长一短双层塔檐，其外形借鉴了木建筑屋檐的特点与装饰，并做出翚飞式，塔檐呈曲线形，雕刻瓦当、滴水，每个檐角都吊一个陶铃。陶塔各层腰檐都以筒瓦覆之，筒瓦华头装饰有六瓣莲花，檐头处为板瓦。塔檐檐椽断面圆形，至翼角处随橑檐方和生头木翘起，并作平行排列。在福建古塔中，只有千佛陶塔逐层做成双重腰檐。笔者判断，这种双层塔檐构造最初是由我国古建筑中的重檐歇山顶发展而来的。重檐歇山顶从外部形式看，是悬山顶和庑殿顶的结合，形成两坡的混合形式，大量使用在宫殿建筑和宗教建筑中，是尊贵的象征。塔是佛教信徒顶礼膜拜的神圣之物，也是佛教文化的重要组成部分，因此偶尔采用这种高等级的重檐结构。在千佛陶塔之前，中原地区以及周边省份的楼阁式古塔就出现过双层塔檐，如河南兴国寺塔、河北庆林寺塔和江西嘉祐寺塔等。塔檐上设平座，实心栏杆刻花卉图案。塔刹为三重宝葫芦，配装"双龙戏珠"，整体造型轻巧玲珑。千佛陶塔整体造型轻盈活泼，外观瘦长笔直，远望就像竖立在地上的一根铜，具有南方楼阁式塔的特点。据考证，唐末之前，我国并没有出现这种纤细笔直的楼阁式塔，直到五代之后，南方才开始建造这种秀气的佛塔。千佛陶塔反映了北宋时期，南方古塔挺秀细长的特点。

千佛陶塔最具特色的就是建筑材料为陶制。在我国，陶器的产生距今已有 11700 多年的悠久历史，但这种以陶土烧制的大型塔在我国却极其少见，千佛塔目前是全国唯一的大型陶塔。当时的陶工高成采用优质的陶土分层烧成，其塔身、门窗、柱子、塔檐、斗拱、椽飞、瓦垄等构件，都是事以木结构样式雕模制出泥坯后，用分层逐段烧制的方法待上紫铜色釉后再按榫卯空心拼合垒叠而成的，各个构件之间用糯米黏合，这样不仅便于制作，而且还利于搬迁和装配。陶瓷是一种不会腐蚀生锈的材料，它具有坚硬、耐高温、不氧化、不分解、不变形、不变色、易清洗等诸多优点，且价格相对低廉，强度较高，既粗犷又细腻，是一种经济、稳定、效果良好的材料。千佛陶塔展现了福建宋代陶瓷业的成熟与发达，以及烧陶艺人的精湛技术水平，是研究中国陶瓷工艺发展史的重要实物。

千佛陶塔塔身的装饰富丽精美，每座塔壁均贴千余尊浮雕佛像，其中东塔壁贴有坐佛 1038 尊，西塔有 1122 尊，另塑镇塔武士、僧人各 36 尊。须弥座底层角柱雕 8 尊袒胸露臂的托塔力士（图 5-7、5-8），上层束腰饰有奔跑嬉戏的狮子，精雕细刻，巧夺天工。这些浮雕造型雄健，表情严

图 5-7　千佛陶塔须弥座浮雕

图 5-8　千佛陶塔须弥座浮雕

图 5-9　千佛陶塔造型

峻，姿态动作、衣饰器物极为自然逼真。其中，侏儒力士挺肚露腹，双手或单手用力撑在大腿上，全身肌肉紧绷。他们的表情各异，有的双目圆睁，有的歪头侧脸，十分憨厚可爱，体现了宋代雕塑的风格。陶塔雕刻的整体画面饱满，空间比例和谐，有着佛教的威严感，具较高的艺术价值。

认真探究千佛陶塔（图 5-9）建筑造型的渊源，可以发现它与宁德地区早期的楼阁式实心石塔颇为相似，如宁德的同圣寺塔、吉祥寺塔、倪下石塔和幽岩寺塔，这 4 座塔的建造年代都早于千佛陶塔，且都为八角九层楼阁式实心塔。千佛陶塔、同圣寺塔、吉祥寺塔、倪下石塔、幽岩寺塔又与吴越国早期的楼阁式石塔比较相同，故可得出以下三个结论：

①千佛陶塔在借鉴福建宁德地区早期楼阁式实心石塔的造型特征的基础上，建造出更成熟完备的仿木构形式。可以说，千佛陶塔代表了福建楼

图 5-10　千佛陶塔双层塔檐

阁式实心塔的最高成就。

　　②千佛陶塔与宁德地区早期石塔也都是仿自吴越国楼阁式石塔的建筑造型，而其中的斗拱结构还借鉴了福州北宋早期的寺庙建筑的斗拱样式。

　　③千佛陶塔的双层塔檐（**图 5-10**）则融合了中原地区以及周边省份的楼阁式古塔的塔檐特征。

　　综上所述，千佛陶塔的建筑样式受到多方面的影响，既借鉴了福建宁德地区早期楼阁式实心石塔的外观造型，又继承了福州北宋早期的寺庙建筑的斗拱样式以及中原地区楼阁式古塔的双层塔檐构造，形成了严谨而成熟的建筑构造，体现了宋代楼阁式塔的发展特征，表明中国古塔建筑在中华传统文化土壤中的生长与发展，有着鲜明的民族文化特色。而且，以千佛陶塔为代表的闽东地区楼阁式实心古塔对福建宋元明清时期楼阁式实心塔的发展有着较大的影响，从中可以窥见福建楼阁式实心塔的传承脉络与发展轨迹。

　　文化内涵：千佛陶塔原在福州城门镇龙瑞寺内，1972年迁移至此。福州历史文献里极少提到千佛陶塔，仅在清光绪年间，福州长乐文人谢章铤在《赌棋山庄诗集·龙瑞寺塔歌》前的小引中说该塔："高过佛殿之半，合瓷泥为之。瓦檐、佛像、花卉皆作绀色，上以铁釜覆之，共九层八角，角广二尺有奇，下有志云'元丰二年造'。明倭寇至其地，将毁之，火光迸发，俱而止。今其基犹有刀痕。塔久，似有欲倾之势，然左望则倾右，右望则倾左，不知何故也。"陶塔须弥座上刻有造塔铭文，记录了建造时间和捐献者以及造塔工匠的姓名。"东塔"须弥座处刻字："当山比丘造乾恭为四恩三有法界含生 特发诚心敬造庄严劫千佛宝塔一座 安于大殿前永为四众瞻礼 然愿当来常值 时元丰五年岁次壬戌谨题 监院僧若观 住持传法 沙门载文 匠人高成。""西塔"须弥座刻字："闽县永盛里清信弟子郑富与室中谢三十一娘 各为四恩三有法界含生 自发心敬造贤劫千佛宝塔一座 舍入龙瑞院大殿前 永充供养 愿今生宿世罪业消除 合家男女新妇孙侄等 现处当来 善牙增长 次第有情 俱沾利乐 时大宋元丰五年岁次壬戌十月初一日谨题 缘化僧若观 劝首住持传法 沙门载文 匠人高成。"由此可见，东塔为龙瑞寺僧人所募建，西塔则是永盛里（即今城门镇梁厝村附近）当地人郑富与妻子谢氏所造，两座塔均由匠人高成建造。千佛陶塔是由僧俗人士共同兴建的，从中可窥见北宋时期，福州地区的佛教逐渐世俗化的发展趋势。

　　综上所述，千佛陶塔集多种相关建筑的精华于一身，更像是一座综合体建筑，既保留了中原地区楼阁式古塔的遗风，又具有南方楼阁式塔的特性，玲珑秀美，雕刻精细，体现了我国传统建筑雕梁画栋的特有风韵，集建筑、雕刻、宗教、民俗于一体，在建筑技术、雕刻工艺等方面皆属较高水平，不仅具备佛教内涵，而且还包含儒道以及民风民俗的思想观念，体现了佛教逐渐世俗化的特征。千佛陶塔以独特的造型和精美的装饰闻名于世，蕴含了极高的文物考古价值和人文观赏价值，体现了福州古代工匠的智慧与创造力。

## 4. 鼓山海会塔（图5-11）

位置与年代：鼓山海会塔又名普同塔，位于晋安区鼓山梅里景区的密林中，由鼓山涌泉寺第十九代住山有需禅师始建于北宋大观三年（1109年），净空法师重修于清同治十二年（1873年）。

建筑特征：海会塔三面以岩石围成风字形，为六角单层亭阁式空心花岗岩石塔，高约2.5米。八角形单层须弥座（图5-12），座下八角塔足为如意形圭角，塔足间刻云纹。六角形塔身的正面横向阴刻"海会塔"三字，青石碑阴刻"鼓山涌泉堂上。盛慧、永觉、妙莲、振光禅师之塔"。左面刻"清康熙戊辰年监寺比丘法愿慨捐衣钵重修"，右面刻"明崇祯庚午年监寺比丘弘晓等募缘重修"，其他两面刻"宋政和二年，僧本淳建造塔亭，后基址废坏。清同治十二年春，三复住山净空领大众重建"；"宋大观三年，第十九代住山有需禅师创造"。从铭文中可以了解海会塔的发展史。塔为六角攒尖收顶，宝珠形塔刹。

文化内涵：据《鼓山为霖禅师还山录》载："普同塔在钵盂峰之下，面双江而绕万岫。极称形胜……创造于宋大观三年。第十九代住山有需禅师内分三圹，左右藏海众灵骨，虚其中以待主持。后需之嗣第二十二代邦靖禅师，每升座手握木蛇，时人称木蛇和尚，住持有年，一旦日方中集众上堂，玄机雷动，退座而寂，火化以小瓦棺盛其遗蜕。藏于中圹上位石龛内……至崇祯庚午监寺始伐石修葺，启其圹以古骨石尽归于左，而空其右以待方来，中圹石龛外则仍虚之也。先师永觉老人自甲戌入山，百废俱复，而是塔犹未竣工，历今凡五十有余载。僧众云来而右圹亦满。至大清康熙戊辰八月二十日监寺比丘法愿慨捐衣钵，复启塔重修，乃移两旁骨石归于中。左圹全虚，而右圹余者十分之一，后来者左右俱可进也。既封复造石座高尺余，盖满三圹而塔身巍然峙立于上，牢实坚固且无雨水渗入之虞。复作塔围二重以障山水，至此而塔功大备。"由此可知，海会塔始建于宋大观

图 5-11　鼓山海会塔

图 5-12　鼓山海会塔须弥座

三年，在为霖道霈禅师生前，这里已安息着涌泉寺第十九代主持有需禅师、第二十二代邦靖木蛇禅师、第九十四代永觉元贤。在为霖禅师圆寂之后，海会塔又增加了第一百二十六代妙莲地华禅师、第一百二十八代振光古辉禅师和第一百三十二代盛慧隆泉禅师等。由此可见，海会塔是一座埋藏众高僧骨灰之墓塔。

图 5-13　鼓山海会塔周边景观

　　"海会塔"的"海"字，在佛经中有"众多"之义。"海会"指佛教圣众会合之处，形容德深如海。《大方广佛华严经随疏演义钞》卷一曰："云被难思之海会者，以深广故。谓普贤等众，行德齐佛，数广刹尘，故称为海。""海会"用作墓的名称时，取海众同会一穴之义。也称"普同塔"，即众僧的纳骨塔。福建不少僧人墓塔都称作"海会塔"或"普同塔"。佛教认为，海会塔是人间净土，骨灰存放此处，能够使灵魂得到升华。海会塔周边古树参天，植物翁郁，雾气笼罩，具有得天独厚的自然条件和人文环境（图5-13）。

图5-14　云庵海会塔

图5-15　云庵海会塔碑刻

## 5. 云庵海会塔

（图5-14）

　　位置与年代：云庵海会塔位于晋安区林阳寺西侧的山林中，始建于南宋庆元三年（1197年），明崇祯乙卯年（1639年）和清乾隆六年（1741年）曾重修。

　　建筑特征：云庵海会塔为窣堵婆式石塔，坐北朝南，高2.05米。六边形单层须弥座，高0.87米，底边长0.72米。塔足刻六个如意形圭角，圭角层高0.28米。下枋高0.11米，边长0.66米。下枭高0.14米，边长0.6米。束腰高0.22米，边长0.44米。每面刻壶门，转角施三段式竹节柱。钟形塔身高约1.1米，直径约1.1米，南面辟高0.47米、宽0.32米

图 5-16　圣泉寺双塔

的券龛，龛内塔碑刻篆书"云庵海会之塔"，两侧刻楷书"庆元三年丁巳三月立""崇祯乙卯重修"。券龛两侧阴刻"大明崇祯己卯腊月吉旦，海蠡重修"；"大清乾隆六年腊月吉旦，主持济崇仝徒大機重修"（图 5-15）。

　　文化内涵：云庵海会塔是埋藏林阳寺僧人的墓塔，与隐山禅师藏骨塔建于同一山坡上，前方是一片田野，与坐北朝南的林阳寺同一朝向。这里树木茂密，人迹罕至，空气潮湿，塔身长满青苔。

## 6. 圣泉寺双塔（图 5-16）

　　位置与年代：圣泉寺双塔原位于鼓山园中村后山的圣泉寺观音阁前，建于明万历十一年（1583 年）。1979 年，双塔被移到于山斗姆殿前。一对

图 5-17　圣泉寺塔南无多宝如来造像

图 5-18　圣泉寺塔宝髻如来造像

佛塔伫立在道观里，显得十分不协调。近年来，重建圣泉寺时，把两座石塔重新迁移回寺中。

建筑特征：圣泉寺双塔为平面六角七层花岗岩实心石塔，高 5.05 米。塔基双层须弥座，第一层须弥座素面无雕刻，为迁移时重建；二层须弥座周长 4.56 米，塔座雕如意形圭角，上下枭刻单层仰覆莲瓣。束腰刻造塔铭文"大明万历十一年八月十六日吉旦立"，明确记载双塔建造于万历十一年。转角施竹节柱。塔身向上收分，清秀挺拔，每层转角设半圆形倚柱，各面辟拱形佛龛，内雕一尊端坐莲花瓣之上的佛像，或结禅定印，或合十，并在两边刻佛名与施主名。层间叠涩出檐，中间平直，两端檐角翘起。六角攒尖收顶，塔刹为相轮式。

文化内涵：东塔每层都刻有佛名。第一层塔身雕"南无拘留孙佛""南无尸弃佛""南无毗舍浮佛""南无拘那含牟尼佛"等。二层塔身雕刻"宝火佛""精进喜佛""精进军佛""龙尊王佛""南无金刚不坏佛"等，七层共四十二尊佛像。由此推断，一层其余看不清名号的佛，应该是过去七佛的其他三尊佛，即"南无毗婆尸佛""南无迦叶佛""南无释迦牟尼佛"。第二层的"宝火佛""精进喜佛""精进军佛""龙尊王佛"和"南无金刚不坏佛"，均为常住十方世界的三十五佛之一。由此推断，三至七层塔身刻的佛像，应该是三十五佛中的其他佛。

西塔每层也刻佛名。第一层雕有"南无甘露王如来"、"南无妙色身如来"、"南无广博身如来"、"南无宝胜如来"、"南无多宝如来"（图5-17）、"南无离怖畏如来""南无阿弥陀如来"七佛名号。第二层雕有"宝相如来"、"宝髻如来"（图5-18）、"宝藏如来"、"宝轮如来"等，七层共四十二尊佛像。

除了诸佛名号，塔身上还刻有施主姓名，多是为父母、自身以及其他亲属祈求福报的文字。此外，塔身上还出现了阿拉伯文字。这就说明明代时，福州地区居住有信奉佛教的阿拉伯人。塔上雕刻的众多佛像，充分反映出当地民众祈福消灾的强烈意愿。

图 5-19　神晏国师塔

图 5-20　神晏国师塔塔铭

## 7. 神晏国师塔（图 5-19）

位置与年代：神晏国师塔位于晋安区鼓山涌泉寺法堂后的围墙外，建于明天启七年（1627 年），周边密林围绕，环境十分幽静，人烟稀少。

建筑特征：神晏国师塔为宝箧印经式实心花岗岩石塔，高 5.8 米。四方形圭角层高 0.25 米，边长 1.95 米，四角及每边当间雕 8 个如意形塔足。三层须弥座逐层收分，四转角设方形柱，第一层须弥座边长 1.66 米，束腰高 0.27 米；二层须弥座边长 1.53 米，束腰高 0.32 米；三层须弥座边长 1.35 米，束腰高0.26米。一、二层束腰刻花卉图案，三层束腰刻两个"卍"字形纹饰。塔身为高0.98米、边长0.93米的四方体，上下方刻仰覆莲花瓣，其中塔身座底圭角层边长1.03米。塔身正面嵌一块石碑，阴刻楷书"本山兴圣晏国师之塔"（图5-20）。塔顶四角各立一朵山花蕉叶，正中为高0.99米的五层相轮式。塔的周围以花岗石铺地，四周置石栏杆。与大多数宝箧印经塔不同的是，神晏国师塔因是座墓塔，所以没有雕刻佛传故事、金翅鸟等。神晏国师塔的造型与涌泉寺藏经阁中的释迦如来灵牙舍利宝塔十分相似，应该是借鉴了灵牙舍利宝塔的建筑风格。

文化内涵：神晏国师（863—939年）为汴州（今河南开封）人，俗姓李，唐末五代高僧，16岁在卫州白鹿山（今河南新乡、鹤壁一带）剃度出家，悟道后参福州闽侯雪峰寺义存禅师，曾为涌泉寺住持。神晏国师示寂于后晋天福四年（939年），闽王王延曦为其在闽侯桐口沙溪建塔，在后周显德五年（958年）迁移至涌泉寺法堂后。明嘉靖间，国师塔被毁。明天启七年（1627年），涌泉寺僧人重建该塔，并保存至今。

# 8. 碧天宗和尚塔（图5-21）

位置与年代：碧天宗和尚塔位于鼓山积翠庵前方，僧本淳建于明崇祯三年（1630年）。

建筑特征：碧天宗和尚塔为窣堵婆式石塔，高1.95米。单层六边形须弥座，塔足雕如意形圭角，两层下枋，束腰转角施圆形倚柱。须弥座上方安置覆钵石。钟形塔身正面塔铭刻"法海开山碧天宗和尚塔"，寰形整石封顶。

文化内涵：积翠庵坐落于鼓山西麓，鼓山乡埠头村后山坡的密林中，

图5-21　碧天宗和尚塔

属于白云洞景区，位置偏僻。明《闽都记》载："积翠庵在白云洞下，万历中僧悟宗建。"积翠庵面向西南，采用花岗岩建成。目前，庵内还保留有佛像基座，座上篆刻"万历壬寅年信士叶延达同男世美祈造佛座，求愿往生者"；"万历甲午年开山，丙申起殿，壬寅塑佛，癸卯告竣，愿往生者。嘉庆壬申正月重塑佛像三尊、石龛一座"。据石刻铭文可知，积翠庵建于明万历二十二年（1594 年），万历二十四年（1596 年）建佛殿，万历三十三年（1605 年）造佛像。清嘉庆十七年（1812 年）曾修缮。1987 年再次重修。

鼓山有许多舍利塔都位于涌泉寺周边的山林中，碧天宗和尚塔却建在地势险要的白云洞下方。且积翠庵是座尼姑庵，怎么会有和尚墓塔呢？据载，积翠庵始建于明万历廿四年（1596 年），而碧天宗和尚塔兴建于明崇祯三年（1630 年），由此可以推断，碧天宗和尚应对积翠庵的兴建做出过一定的贡献。

图 5-22 无异来和尚塔

## 9. 无异来和尚塔
（图 5-22）

位置与年代：无异来和尚塔位于晋安区鼓山五贤祠旁，建于明代。

建筑特征：梯形台基高 0.67 米。石塔只剩下一个椭圆形球体，高 0.65 米，为金瓜状，以凹槽分离如瓜瓣，瓣面呈弧形，共有六瓣。正面辟方形塔铭，刻楷书"无异来和尚塔"。无异来和尚塔原本是一座五轮塔，因其他构件陆续丢失，如今只剩下圆形塔身。这座坐落于密林深处的简陋石塔，

图 5-23　五贤祠

却透着别样的禅机。

文化内涵：据载，涌泉寺在明代时，曾有一位高僧名无异来，明熹宗天启七年（1627 年）开始主持涌泉寺，是中兴涌泉寺的一代宗师。塔旁的五贤祠（**图 5-23**）建于清咸丰乙卯年间（1855 年），坐北朝南，正面为毛石砌墙，门额上的"五贤祠"为福州诗人魏杰所题。"五贤"分别是指徐㷿、谢肇淛、林弘衍、徐火勃和曹学佺。他们在明朝将亡之时，隐居鼓山，守节完义。

## 10. 鼓山报亲塔（图 5-24）

位置与年代：鼓山报亲塔位于晋安区鼓山舍利院东面的密林里，坐北朝南，面对闽江，由僧道上、里人陈寂知倡建于清顺治九年（1652 年），用来埋藏僧人父母的骨灰。

建筑特征：报亲塔为五轮石塔，高 2.2 米。双层须弥座。第一层为四方形须弥座，高 1.19 米，底边长 1.47 米。塔足刻如意形圭角，每边雕云纹图案；束腰素面，高 0.72 米，边长 1.18 米，转角设方形倚柱；上枭高 0.1

图 5-24　鼓山报亲塔塔身佛像

图 5-25　鼓山报亲塔塔身佛像

米，上枋高 0.06 米，边长 1.325 米。第二层为六边形须弥座，高 0.68 米，底边长 0.61 米。如意形圭角层高 0.23 米，下枋边长 0.515 米，下枭高 0.10 米，刻覆莲瓣，每面莲瓣除中间一朵较完整外，其余左右两边皆为侧面花瓣，排列紧密；束腰高 0.17 米，边长 0.38 米，转角设方形倚柱；上枭高 0.1 米，刻仰莲瓣，上枋边长 0.55 米。塔身椭圆形，南面辟一佛龛，龛内雕刻一尊结跏趺坐于莲花瓣上的佛像（图 5-25）。六角攒尖收顶，塔檐高翘，宝珠式塔刹。塔后方立一块石碑，篆刻"报亲塔"三字。报亲塔四周建有一大型石墓群，设有台阶、围墙，层层而上，颇为壮观，周边遮天蔽日，荆棘丛生。

文化内涵：舍利院是一处古寺庙，又称吸江兰若、舍利窟等。寺庙坐北朝南，面对闽江，背靠钵盂峰，犹如世外桃源。寺庙为石木结构，由大殿及左右厢房等组成。站在舍利院可远眺闽江，寺庙匾额上的"吸江兰若"，意指吸纳闽江的精华。值得一提的是，院前还有 9 棵高大的松树。民间传说，古时，有 9 个孝顺的兄弟，为报母亲的养育之恩，在母亲修行的庵前化作 9 棵松树，永远陪护在母亲周围。因此，舍利院又称报亲庵。报亲塔体现了佛教的孝道思想。

## 11. 最胜幢三塔（图 5-26）

位置与年代：最胜幢三塔位于晋安区鼓山舍利院北面的山坡上。据清乾隆年间的《鼓山志》载："自晏国师嗣了宗大师、了悟大师而下，先后住山共三十三位……在昔诸祖，塔散他处，珪公悉迁于此，以便香火，谓之最胜幢。左塔安尊宿，右海众，在大普同塔之下，去舍利窟一牛鸣地，计今凡历五百有余祀。"由此可知，最胜幢三塔原是为霖禅师把舍利院附近的一些僧人墓塔迁到舍利院内，并重新建塔埋藏。经考证，建造时间应在清顺治十七年（1660 年）。

建筑特征：最胜幢三塔共有三座，一字排开，中间一座为当山历代祖师之塔，西面为历代尊宿塔，东面为历代列祖塔，均为窣堵婆式石塔。据《鼓山志》载，塔内至少埋藏着自涌泉寺第三代住持了宗智岳起的 33 位住山的

图 5-26　最胜幢三塔

图 5-27　当山历代祖师塔

图 5-28　当山历代祖师塔狮子戏球造像

舍利子。

当山历代祖师塔高 2.5 米（图 5-27）。第一层塔基为八边形圭角层，高 0.51 米，底边长 1 米，每个圭角刻成如意形，高 0.26 米。上面两层下枋的边长分别为 0.95 米和 0.9 米，向上略有收分，其中第一层下枋每面刻祥云图案。第二层塔基为单层八边形须弥座，高 0.69 米，底边长 0.85 米，塔足为如意形圭角，高 0.22 米，下枋高 0.08 米，边长 0.8 米，下枭边长 0.78 米，上枋高 0.07 米，边长 0.8 米。束腰高 0.22 米，每边长 0.62 米，转角施三段式竹节柱，每面雕狮子戏球（图 5-28）。狮子们的神态憨厚可亲。塔基上方立钟形塔身，正面辟佛龛，高 0.41 米，宽 0.29 米，内阴刻楷书"当山历代祖师之塔"，龛上方刻楷书"最胜幢"。塔身用四层花岗岩石垒砌，每层高度约 0.31 米，塔顶为覆钵石。

历代尊宿塔高 2.1 米（图 5-29）。塔基为单层八边形须弥座，高 0.88 米，底边长 0.8 米。塔足雕如意形圭角，高 0.26 米。

图 5-29　历代尊宿塔

图 5-30　历代列祖塔

79

两层下枋，一层下枋高 0.11 米，边长 0.75 米；二层下枋边长 0.7 米，上枋高 0.5 米，边长 0.67 米。束腰高 0.26 米，边长 0.55 米，转角施三段式竹节柱，每面雕盘长、法轮等佛八宝图案。钟形塔身正面辟塔铭，高 0.35 米，宽 0.27 米，刻楷书"历代尊宿塔"。

历代列祖塔（图 5-30）与尊宿塔的形制基本一致，高 2.1 米。塔基为单层八边形须弥座，高 0.88 米，底边长 0.84 米。塔足雕如意形圭角，高 0.26 米。两层下枋，一层下枋高 0.11 米，边长 0.75 米；二层下枋边长 0.7 米，上枋高 0.5 米，边长 0.68 米。束腰高 0.26 米，边长 0.55 米，转角施三段式竹节柱，每面雕佛八宝图案。钟鼓形塔身正面辟塔铭，高 0.37 米，宽 0.27 米，刻楷书"历代列祖塔"。

文化内涵：最胜幢三塔坐落于山坡上，坐北朝南，背靠青松，面对梅里景区，远眺闽江，山光明媚。

## 12. 七佛经幢塔（图 5-31）

位置与年代：七佛经幢塔位于晋安区鼓山舍利院的东南面，建于清初。

建筑特征：七佛经幢塔为八角形石构经幢，高 3.2 米，由塔基、塔身、

图 5-31　七佛经幢塔

图 5-32 七佛名号及法偈

盘盖、塔刹等组成。单层须弥座，束腰刻"卍"字纹饰，上枭刻覆莲瓣。幢身高约 2 米，周长 1.29 米，七面刻七佛名号及各自的法偈（**图 5-32**）。据说，七佛皆将毕生宣说之最上乘佛法凝成一偈，传于后世，以破除身心妄见。经幢以八角攒尖收顶，檐角弯曲，每边沿阴刻曲线图案，刹座为仰莲瓣，宝葫芦式塔刹。

文化内涵："七佛"是指过去庄严劫中的三佛和贤劫中的四佛，具体是指释迦牟尼佛及在其以前出现的六位佛陀。七佛经幢北侧有鼓山第六十五代住持道霈法师于清康熙十二年（1673 年）撰写的《七佛幢记》石刻，上书："一脉监寺于舍利窟吸江兰若之左臂作入楞石幢，余时在富沙建造多宝佛塔，遥闻其事，合掌加额。"

图 5-33　为霖禅师塔

图 5-34　为霖禅师塔须弥座雕刻

## 13. 为霖禅师塔（图 5-33）

位置与年代：为霖禅师塔位于晋安区鼓山梅里景区旁边的山坡上，由郡人李范建于清康熙四十四年（1705 年）。清咸丰十年（1860 年）和清同治八年（1869 年），由净空禅师等人重修。

建筑特征：为霖禅师墓的平面呈风字形，三级墓埕，面积 488 平方米，墓两旁修建的石阶梯、石柱，均保存完好。塔为平面六角亭阁式，高 2.4 米。塔座下方平铺六角形石板，边长 0.7 米。单层六边形须弥座，高 0.83 米。塔足雕如意形圭角，圭角层边长 0.68 米。下枭边长 0.58 米，刻覆莲瓣；上枭边长 0.58 米，刻仰莲瓣。束腰高 0.21 米，边长 0.38 米，雕松树、牡丹花、狮子戏球等图案（图 5-34）。转角施三段式竹节柱。束腰与上枭之间再设一块高 0.12 米的石板，用以承托上枭。每面辟壶门，内刻花卉图案。塔身六边形，每面高 1.07 米，宽 0.46 米。正面塔铭刻楷书"重兴鼓山为霖禅师之塔"，侧面刻"康熙四十四年重九日建"。六角攒尖顶，檐角高翘，檐口弯曲，宝珠式塔刹。塔正后方的墓壁上嵌一块长方形石碑，上刻："出矿之金，维坚维实，归藏于中，千圣不识。为霖老人自铭。"石碑四周刻卷草纹，上方刻太阳纹与云纹。为霖禅师塔背后是一片松林，前方是梅花园，景色迷人。

文化内涵：为霖禅师为福建建瓯人，法名道霈（1615—1702），师承元贤大师的曹洞宗，弘扬鼓山禅，见证了涌泉寺最辉煌的时期。他除担任过鼓山涌泉寺第六十五代主持外，还担任过泉州开元寺等名刹的住持。为霖禅师道行精深，在禅宗、天台宗、净土宗等方面均有著述，号称"古佛再来"。

## 14. 般若庵海会塔（图5-35）

位置与年代：般若庵海会塔位于鼓山般若庵西南面的半山坡上，又名般若庵三大和尚海会塔，建于清雍正八年（1730年）。

建筑特征：墓呈风字形，三级墓埕，两摆手。海会塔为平面六角亭阁式石塔，高3.7米。单层六边形须弥座，基座高0.05米，底边长0.91米；如意形塔足高0.29米，底边长0.84米，每面采用莲花瓣造型；下枭高0.125米，边长0.72米；束腰高0.32米，边长0.62米；壶门宽0.48米，浮雕仙鹤、麋鹿（图5-36）、梅花（图5-37）、怪石等图案，颇为精美；上枭高0.06米；上枋高0.05米，边长0.72米。塔身高0.91米，每边长0.595米，转角施

图5-35　般若庵海会塔

图5-36　般若庵海会塔麋鹿图案

图5-37　般若庵海会塔梅花图案

方形倚柱，正面篆刻"住鼓山圆玉大和尚塔""住鼓山恒涛大和尚之塔""住鼓山象先大和尚塔"，背面刻"雍正八年八月谨造"。六角攒尖收顶，檐角高翘，檐口宽0.115米，宝珠式塔刹。塔后面的墓壁上刻有圆玉禅师题的《鼓山恒涛心公和尚塔铭》。

文化内涵：恒涛禅师、圆玉禅师、象先禅师分别是涌泉寺第九十八代、第九十九代和第一百代住持，属于曹洞宗寿昌系分支"鼓山禅"法系的得道高僧，对鼓山禅的传播与发展做出了一定贡献。这座塔原是恒涛和尚塔，塔铭则是圆玉题写的。后来，圆玉和象先也葬于此塔。恒涛得法于为霖禅师，法名大心，古田人，13岁依本郡上生寺德协法师剃度，20岁在黄檗寺禀虚白和尚处受戒，跟随为霖禅师学习禅法20多年，后住持涌泉寺27年，于雍正六年（1728年）圆寂。在禅学方面主张"性本无染，素自清净"。圆玉法名兴五，泉州惠安人，为恒素弟子，住持涌泉寺6年，曾经奉旨修经藏。象先法名法印，三明宁化人，圆玉禅师高徒，乾隆四十年（1775年）圆寂。

般若庵始建于明崇祯年间（1628—1644年），坐落在鼓山东南片区的般若洋。近年进行重建后，改名为般若苑。这里远离涌泉寺，风光极佳，可远眺闽江。

## 15. 奇量禅师塔（图5-38）

位置与年代：奇量禅师塔位于晋安区鼓山梅里景区附近的山坡上，建于清光绪二十年（1894年）。

建筑特征：奇量禅师墓的平面呈风字形，三级墓埕。塔为窣堵婆式石塔，高约2.8米。底座为六边形石台，高0.11米，每边长0.72米。单层六边形须弥座高0.76米，塔足雕如意形圭角，圭角层边长0.71米，每边刻柿蒂纹。下枭边长0.67米，上枭边长0.73米。束腰高0.35米，边长0.56米，每面浅浮雕鸟、花卉、树木、山石等图案。钟形塔身正面辟拱形券龛，内嵌塔铭，刻楷书"重修鼓山奇量禅师塔"（图5-39）。塔身还刻有"承先师命 如有法派剃度主鼓山者可祔马住当山徒妙莲立，光绪甲午吉旦"。

文化内涵：奇量禅师是涌泉寺第四十四代住持，而碑文中提到的妙莲，

图 5-38　奇量禅师塔　　　　　　　　　　　　图 5-39　奇量禅师塔塔铭

应指奇量的高徒妙莲地华（1824—1907 年）。妙莲在清光绪四年（1878 年），拜奇量禅师为师，清光绪十年（1884）继承奇量法席。后曾游学马来半岛等地，归国后帮助修复了福州雪峰寺、崇福寺和林阳寺等佛寺。1885 年回到鼓山，后做涌泉寺住持。

## 16. 崇福寺报亲塔（图 5-40）

位置与年代：崇福寺报亲塔位于晋安区崇福寺后面的山谷里，建于清光绪三十四年（1908 年），晋安区文物保护单位。

建筑特征：崇福寺报亲塔为窣堵婆式石塔，高 2.87 米。塔基为高 1.27 米的双层须弥座（图 5-41），第一层须弥座高 0.5 米，圭角高 0.25 米，

图 5-40　崇福寺报亲塔　　　　　　　　　　　图 5-41　崇福寺报亲塔须弥座

圭角中心相距 0.95 米，束腰边长 0.88 米；第二层须弥座高 0.75 米，圭角高 0.2 米，圭角中心相距 0.9 米，束腰长 0.6 米，高 0.3 米，转角施立柱。钟形塔身高 1.6 米，正面嵌入一石碑，高 0.42 米，底边长 0.33 米，刻楷书"报亲塔 大清光绪三十四年立 住山沙门建"。报亲塔虽没有雕饰纹样，但结构严谨，造型规整。

文化内涵：报亲塔正后方有一座附属建筑——石构亭阁式小塔。石柱上有一副对联，上联为"身坐莲花浮北海"，下联为"魂随月魄返西天"，横批为"乐园"。后面一排石柱上分别刻有"尘缘脱尽""净土巾帼""万劫幢幡""天上迓妙群"。落款"民国二十七年七月七日"，明确指出这座亭阁式塔建于民国二十七年（1938 年）。由于"巾帼"是妇女的代称，所以此处埋藏的应是女尼的母亲，与崇福寺为女众道场相吻合。

崇福寺位于北岭象峰南麓，始建于北宋太平兴国二年（977 年），后废。经过多次重建，如今占地面积 3816 平方米，拥有天王殿、大雄宝殿、法堂、齐堂、地藏殿、伽蓝殿等 18 座殿堂。四周古木参天，环境幽雅，景致宜人。

## 17. 罗汉台塔（图 5-42）

位置与年代：罗汉台塔位于晋安区鼓山涌泉寺山门附近的小罗汉台，建于清代，晋安区文物保护单位。

图 5-42 罗汉台塔　　　　　　　　　　　　　　图 5-43 罗汉台塔金翅鸟

建筑特征：罗汉台塔为平面四角单层亭阁式石塔，高1.03米，小巧玲珑。塔基为一块四边形石台，高0.15米，每边长0.68米。塔身四方形，高0.6米，边长0.55米。每面辟拱形佛龛，高0.35米，宽0.21米，内雕刻一尊跌坐在莲花瓣上的禅定佛像，佛龛两旁各雕一尊供养人。塔身转角立4只金翅鸟（**图5-43**）。四角攒尖收顶，刻瓦垄、瓦当、滴水、檐板等构件。宝葫芦式塔刹。塔下方岩石刻楷书"罗汉台"三字。罗汉台塔虽是亭阁式塔，却具有宝箧印经塔的几个特点：①塔身转角雕刻金翅鸟。②塔身为四方形。③塔檐为四角形。这说明佛塔在演变过程中，不同建筑样式之间会相互借鉴。

文化内涵：罗汉台塔应是座镇妖蛇之塔，旁边一块岩石上有民国时期刻的行书"江山如此"。周边有各种姿态的松树，自成一处小景观。

## 18. 鼓山万寿塔（图5-44）

位置与年代：万寿塔位于晋安区鼓山登山古道的更衣亭附近，建于清代，晋安区文物保护单位。

建筑特征：万寿塔为宝箧印经式石塔，高3.65米。单层须弥座素面无雕刻。四方形塔身每面佛龛均雕刻一尊高0.42米、宽0.31米、结跏趺坐于大象或莲花等之上的佛菩萨像（**图5-45**）。佛龛上方的横额除南面刻楷书"万寿佛"外，其余各面均刻"南无阿弥陀佛"。塔身上下方分别雕仰

图5-44　鼓山万寿塔

图5-45　鼓山万寿塔塔身佛像

图 5-46　净空禅师之塔

覆莲花瓣。塔檐仿刻瓦垄、瓦当、滴水等构件。山花蕉叶高翘，每面雕卷草纹。塔刹刹座雕莲花瓣，五层相轮式塔刹，宝葫芦式塔尖。鼓山管理处在1986年6月重修原横卧在山道旁的万寿塔，须弥座和塔刹是当时重新建造的。这座塔旁边还有一座近代重建的宝箧印经石塔，造型与万寿塔相同。

文化内涵：福建绝大多数宝箧印经石塔都建于江河边或大海边，在山道旁为何会建这种塔呢？据说，通往鼓山涌泉寺的古道像一条长蛇，而这两座宝箧印经石塔和更衣亭等数座亭子，犹如一颗颗钉子，死死地钉住妖蛇，以保护寺院和来往行人的安全。

## 19. 净空禅师之塔（图5-46）

位置与年代：净空禅师之塔位于晋安区鼓山舍利院东面的山坡上，建于清代。

建筑特征：净空禅师墓的平面呈风字形，三级墓埕，两边建有石阶、望柱、栏板等。塔为窣堵婆式石塔，高约2.5米。六边形台基，底边长0.73米。单层六边形须弥座，高约0.72米，底边长0.72米，塔足雕成如意形圭角，圭角层高0.21米。下枋边长0.67米，上枋边长0.73米，刻仰覆莲花瓣。束腰高0.28米，每边长0.52米，每面刻佛八宝等图案。钟形塔身正面辟高0.56米、

图5-47　净空禅师之塔碑刻

宽0.42米的欢门式佛龛，内嵌塔铭，上刻楷书"重兴鼓山净空禅师之塔"。塔铭正上方浅浮雕卷云图案。塔正后方石碑两旁刻"龙蟠虎踞盘师塔，法付心传续祖灯"（**图5-47**）。第一级墓埕上摆放一张石构神案，二级墓

图 5-48　净行塔

图 5-49　崇福寺三塔

埕望柱上刻"刮磨心地净，解脱世缘空"。墓壁上雕刻各种树木、花卉等图案。

文化内涵：净空禅师为涌泉寺第一百八十代住持，曾经在清同治五年（1866年）重修舍利院。据《募建鼓山舍利窟吸江兰若碑》载，净空禅师"募化建筑文殊殿、净业堂等处，于七年戊辰（1868年）春落成，仍如原建所称"。如今，舍利院大门上方的"吸江兰若"匾额就是净空禅师所题的。

## 20. 净行塔（图5-48）

位置与年代：净行塔位于由鼓山梅里景区到舍利院道路附近的山坡上，建于清代。

建筑特征：净行禅师墓比较简陋，呈风字形，二级墓埕，正中建有三级石阶。净行塔为窣堵婆式石塔，高 2.03 米，坐北朝南。三层八边形塔基逐层递减，高 0.46 米，一层边长 0.88 米，二层边长 0.82 米，三层边长 0.73 米。塔身下方设一覆莲瓣造型。钟形塔身高约 1.4 米，正面辟拱形券龛，内嵌塔铭，上刻楷书"净行塔"。

文化内涵：净行禅师是涌泉

寺僧人。其墓属于独葬墓。由于所处位置较为偏僻，四周树木茂密，空气潮湿，塔身长满了青苔。

## 21. 崇福寺三塔（图5-49）

位置与年代：崇福寺塔院内有3座窣堵婆式石塔，上圆下方，中间为中兴崇福古月禅师塔，右为光照禅师之塔，左为净善禅师和德光禅师之塔。

建筑特征：崇福寺三塔均为单层须弥座，雕刻有如意、花卉、麒麟等图案。其中，古月禅师塔建于民国八年（1919年），塔铭刻"民国八年 清开山重兴第一代古公圆朗大禅师 监院比丘北照"。右侧塔建于民国十六年（1927年），塔铭为："民国十六年 清开山协兴第贰代复止必定 复公光照大禅师 地灵齐清 禅心园印 监院比丘净善。"左侧塔建于民国二十三年（1934年），塔铭为："民国二十三年 清开山协兴第贰代复公净善大禅师 清开山协兴第三代演公德光大禅师 监院比丘德化。"

文化内涵：古月禅师（1843—1919年），俗姓朱，字圆朗，号降龙，福州闽清人，一生隐居山林，勤修佛道，对福建地区近代佛教的发展有着较大的影响。早年在涌泉寺修行，曾先后住持过涌泉寺、雪峰寺、崇福寺、西禅寺和林阳寺"福州五大丛林"。古月禅师圆寂后，共建有三座塔，分别是崇福寺古月禅师塔、林阳寺古月禅师塔和鼓山古月和尚塔。这三座塔充分表明了僧众对他的敬意。

## 22. 林阳寺古月禅师灵骨塔
（图5-50）

位置与年代：林阳寺古月禅师灵骨塔坐落在晋安区林阳寺古月塔院的殿内，建于民国八年（1919年）。

建筑特征：林阳寺古月禅师灵骨塔为窣堵婆式石塔，高1.8米。单层六

图5-50 林阳寺古月禅师灵骨塔

图 5-51  鼓山古月和尚塔

图 5-52  鼓山古月和尚塔莲花造像

边形须弥座，仅在圭角层浅刻有如意纹饰与波浪形纹饰，其余素面无雕刻。钟形塔身正面嵌一石碑，刻隶书"古月和尚塔"。塔前摆一张石供桌，塔后墙壁上挂一幅古月和尚遗照。

文化内涵：古月禅师任林阳寺住持时，曾参照鼓山涌泉寺的建筑与格局，用 5 年时间重建寺庙。

## 23. 鼓山古月和尚塔（图 5-51）

位置与年代：鼓山古月和尚塔位于晋安区鼓山十八景西面的降龙洞附近，坐北朝南，建于民国八年（1919 年）。

建筑特征：鼓山古月和尚塔为窣堵婆式石塔，高约 2.06 米。单层六边形须弥座，高 0.73 米，底边长 0.74 米。下枭边长 0.7 米，束腰高 0.33 米，边长 0.53 米，南面浮雕莲花图案（图 5-52），上枋高 0.06 米，边长 0.73 米。须弥座上方设圆形仰莲瓣，高 0.18 米。钟形塔身高约 1.15 米，南面辟一券拱式龛，高 0.41 米，底宽 0.27 米，内铭刻隶书"古月和尚塔"。塔前面摆一张石案，后方立有一照壁，正中写一"佛"字。

文化内涵：古月禅师在涌泉寺时，修的是头陀行。据中国佛教协会原名誉会长虚云长老的《虚云年谱》载："时洞中有古月禅师，为众中苦行第一。"鼓山古月和尚塔所在的地势比舍利院更高，南面视野极为开阔，可眺望福州城区和闽江。

# 第六章
# 长乐区古塔纵览

长乐区位于福州东南沿海地区，闽江口的南岸。因是明代航海家郑和七下西洋的起锚地，所以保留有大量与郑和有关的遗址。又因长乐濒临台湾海峡，故其域内的大多数古塔都与海洋文化有关。目前，共留存有5座古塔，其中楼阁式塔4座，五轮式塔1座。

## 1. 圣寿宝塔（图6-1）

位置与年代：圣寿宝塔又名三峰寺塔、雁塔，位于长乐区吴航镇南山巅。始建于北宋绍圣三年（1096年），建成于北宋政和七年（1117年），为全国重点文物保护单位。

建筑特征：圣寿宝塔为平面八角七层楼阁式花岗岩空心石塔，坐北朝南，通高27.4米。塔基为一大一小双层须弥座（图6-2），第一层须弥座施8个如意形圭角，圭角之间刻柿蒂纹饰，两层下枋雕刻瑞兽、花卉、卷云等图案，下枭刻双层覆莲花瓣，壶门以竹节柱分隔成三部分，之间雕狮子、花卉等图案，转角雕刻侏儒力士（图6-3、6-4）。第二层须弥座向内收分较大，上下枭雕仰覆莲花瓣，壶门以竹节柱分为三部分，雕狮子、花卉等，转角立竹节柱。双层须弥座坚实稳固，保证高大塔身的稳定性。

圣寿宝塔砌刻倚柱、梁枋、斗拱、腰檐、门窗、佛龛等，石块交错垒砌。

图 6-1　圣寿宝塔

图 6-2　圣寿宝塔须弥座

图 6-3　圣寿宝塔侏儒力士

图 6-4　圣寿宝塔侏儒力士

图 6-5　圣寿宝塔塔檐

第一层塔身东面开一门，转角立 8 尊护法神将。二至七层两面开门，其余各面辟佛龛。第一层塔檐下为三层混肚石叠涩，下面设额枋，没有施斗拱。从第二层塔檐（图 6-5）开始，各层塔檐下为两层混肚石叠涩，混肚石之间为罗汉枋，下面设额枋。二至七层塔身转角立瓜楞式塔柱，柱头栌斗上方施六铺作双抄双下昂。第二层下昂上方施仔角梁承托檐角。补间一朵斗拱，出华拱一跳，为四铺作单抄偷心造，上承托罗汉枋。塔檐中间平直，两端翘起，雕刻筒瓦、瓦当、滴水等仿木构建筑构件。圣寿宝塔的斗拱、混肚石、塔檐等的做法与乌塔、仙塔等福州早期的楼阁式石塔颇为相似，对福建宋、元、明、清的楼阁式古塔影响颇深。塔檐上施平座与栏杆，可在外廊观赏风景，但平座较窄，只能一人通过。圣寿宝塔塔心室为穿心绕平座式结构，逐层变换石阶方位，登塔方式与坚牢塔、瑞云塔、万安祝圣塔、鳌江宝塔、罗星塔等其他楼阁式空心石塔一样。每次登石梯到达塔心室后，都需拐 90

度转折而上到上一层平座，再绕半圈才能进入
通往上一层的塔门。第七层塔心室顶棚为一根
月形横梁，称作"月梁造"，与《营造法式》
中的木构厅堂构架相似。八角攒尖收顶，宝葫
芦式塔刹，底座为覆莲瓣。整座塔均用石块建
造，结构严密，曾经历宋、元、明的多次大地
震而安然无恙，充分显示了福州宋代工匠高超
的设计理念与石造技术。圣寿宝塔是福建北宋
楼阁式空心石塔的巅峰之作，对闽地之后的楼
阁式塔的建造具有较大的影响力。

　　雕刻艺术：圣寿宝塔塔壁布满各种雕刻。
第一层须弥座下枋雕刻吉祥鸟、花卉、卷云等。
束腰的狮子与彩球嬉戏打闹，场面喜庆幽默。
转角雕各种动态的侏儒力士，均双膝跪地，有
的手托住脸庞，似乎在沉思；有的紧握拳头，
怒目而视；有的双手下垂，面带微笑；有的用
手托住下颌，显得心平气和；有的双手按住双
腿，怒气冲天。第二层须弥座束腰的狮子更加
憨态可掬，有的用爪按住彩球；有的以嘴顶彩
球；有的双爪抱球；有的用嘴含球。束腰当间
刻牡丹花，富贵饱满。第一层塔身八个转角各
站立一尊威武的护法神将（图6-6、6-7、
6-8），头戴盔，身披甲，有的执剑，还有的
按剑，威风凛凛，显得不可侵犯。一层塔身
每面上方额枋雕刻一对飞天造像（图6-9、
6-10），为十六飞天伎。飞天头戴宝冠，上
身半裸，身披着长长的飘带，腰束长裙，或托
花，或持花，或吹笛，或弹三弦，空中飞翔着
缠绕彩带的排箫、琵琶等乐器。飞天们绕塔飞

图6-6　圣寿宝塔护法神将

图6-7　圣寿宝塔护法神将

图6-8　圣寿宝塔护法神将

图6-9　圣寿宝塔飞天造像

图6-10　圣寿宝塔飞天造像

翔，轻灵飘逸，为肃穆的佛塔增添了烂漫的艺术气氛。一层塔壁辟两个欢门式佛龛，其中一个佛龛两边分别是骑象的普贤菩萨和骑狮的文殊菩萨，佛龛上方题刻"雁塔"二字，是明弘治年间（1488—1505 年）长乐知县潘府改塔名时将原有的 4 尊小佛像凿掉后另刻的；另一个佛龛两边为背负行李四处行脚的高僧和佛像。一层其余塔壁还嵌有许多拱形佛龛，每面共 8个，分成两行，龛内雕结跏趺坐于莲花之上的佛像。圣寿宝塔雕刻中，最为奇特的是一层塔壁每面下方"塔裙"位置，有 8 组类似画像石的浅浮雕，仔细辨认有"御象""乘龙""对弈""凿石""出海"等故事，这种题材的雕刻在福建其他古塔中均没有见到。"乘龙"图主要描绘在波涛汹涌的大海中，一人坐在一只奔跑的飞龙之上，前后各有一人，或背着包袱，或头顶物体。"对弈"图主要描绘两人正专心致志地下棋，左边站立两人，右边有两个长着翅膀的人在飞翔。此外，北京西城区白云观恬淡守一真人塔（又称罗公塔）的塔基上也出现了棋盘图形，但那是座道教塔。

文化内涵：圣寿宝塔原是为宋徽宗赵佶祝寿而兴建的，故最初被命名为圣寿宝塔。当年是俯瞰长乐太平港的瞭望塔，后来成为郑和船队驶入太平港的航标塔。据传，郑和登塔时，听说此塔是为亡国之君宋徽宗祝寿而建，感到不吉利，于是便以南山有隐屏、香界与石林三峰相连为由，改塔名为三峰塔。明弘治年间（1488—1505 年），长乐知县潘府又改塔名为雁塔，以祈求振兴当地的文运。太平港位于圣寿宝塔西侧，当年郑和船队远航之前就在此处集中整训，直到东北季风吹来后才得以出海。只可惜随着城市的发展，原本的港口已成为陆地。

## 2. 普塔（图 6-11）

位置与年代：普塔又名湖尾石塔，位于长乐区鹤上镇湖尾村的东面，建于南宋宝祐元年（1253 年），长乐区文物保护单位。

建筑特征：普塔为平面四角单层亭阁式实心石塔，高 7.49 米。五层塔基逐层收分，以花岗岩石条一横一纵相互垒砌而成。每层塔基立面为梯形，其中第一层高 1.9 米，底边长 2.2 米。第二到第五层塔基之间以石板水平出跳。

图 6-11　普塔

四方形塔身（**图 6-12**）每一面辟一拱券式佛龛，内雕一尊结跏趺坐的佛像。塔身西面佛龛两边刻楷书"宝祐癸丑 立春创造"。塔顶为四角攒尖，塔檐呈翘起的曲线。塔檐下方分别刻塔铭文"宝祐癸丑年""雁塔题名""九秋重兴立"等。塔刹为宝葫芦造型。

　　文化内涵：湖尾村濒临东海，普塔东面就是漳港湾。据说，在风水上似一处船穴，地形不利，于是，当地李氏家族就建普塔以镇船，保佑人丁兴旺。

图 6-12　普塔塔身

## 3. 坑田石塔（图 6-13）

位置与年代：坑田石塔位于长乐区玉田镇坑田村下巷一处民宅的院子里，建于明嘉靖年间（1522—1566 年），长乐区文物保护单位。

建筑特征：坑田石塔为圆形七层楼阁式实心石塔，高 4.15 米。四方形基座每边长 1.78 米。圆形塔身逐层收分，如同一个圆锥体，一至四层高度分别为 0.33 米、0.33 米、0.32 米、0.24 米。塔檐仿木构，檐角略有翘起。塔刹是一块梯形岩石（图 6-14）。奇怪的是，塔刹的三面分别雕刻一尊面貌端庄、结跏趺坐的佛像，另一面却雕着一位披头散发、身穿长衫的人物，右手似乎拿着一根禅杖，左手似握着一把宝剑。具体是何方神圣，还有待考证。

图 6-14　坑田石塔塔刹

图 6-13　坑田石塔

文化内涵：坑田村东面是大海，每年台风较多，因此村民就建这座石塔，以镇风保平安。

## 4. 礁石塔（图6-15）

位置与年代：礁石塔位于长乐区梅花镇梅城村塔礁公园内，建于明代。

建筑特征：礁石塔为圆形两层实心石塔，高4.5米。圆形塔基下层刻有仰莲花瓣，上层刻波浪形龟趺。在我国古代神话中，龟趺是龙生九子之一，能背负重物。两层圆鼓形塔身总高度约1.4米。八角攒尖收顶，檐口平直，檐角翘起，角上留有挂塔铃的孔洞。七层相轮式塔刹。从整体造型来看，礁石塔应不是目前这种样式，两层塔身更像是五轮塔须弥座的束腰。由于泉州大量的五轮塔束腰都是圆鼓形，故笔者推断，礁石塔原为一座五轮塔，因后来遭到破坏，人们只好以残件重新建造出这座异形塔。

文化内涵：因梅花镇紧邻大海，所以礁石塔应是座镇风塔。塔礁公园较小，仅以数块巨大蕉石为主体，四周建水池，而塔就立于岩石之上。塔的不远处，就是梅花所城和闽江河口国家湿地公园。

图6-15　礁石塔

图 6-16　龙田焚纸塔

## 5. 龙田焚纸塔（图 6-16）

位置与年代：龙田焚纸塔位于长乐区古槐镇龙田村礼堂大门的东侧，建于清代。

建筑特征：龙田焚纸塔为平面四角两层楼阁式空心石塔，高 3.8 米。单层四边形须弥座，圭角间雕刻狮子。第一层塔身设假平座，一、二层塔身正面辟券拱形门洞。四角攒尖收顶，宝葫芦式塔刹。

文化内涵：龙田村坐落于董奉山下。2018 年 12 月，董奉山国家森林公园正式设立，并于 2013 年改名为长乐国家森林公园。笔者在此希望，有关部门能把焚纸塔移入公园内加以保护，以进一步提升公园的文化品位。

# 第七章
# 福清市古塔纵览

福清位于福州东部沿海,有"文献名邦"的称号。地势由西北向东南倾斜,地形以丘陵和平原为主。福清目前保留有23座古塔,其中楼阁式塔12座,窣堵婆式塔7座,经幢式塔2座,亭阁式塔1座,喇嘛式塔1座。

## 1. 五龙桥塔（图7-1）

位置与年代：五龙桥塔位于福清市城头镇五龙村五龙桥头,建于北宋治平四年（1067年）,福清市文物保护单位。

建筑特征：五龙桥塔为八角七层楼阁式花岗岩实心石塔,高6.7米。单层须弥座（图7-2）,每个转角设三段式竹节柱,束腰雕刻已经风

图7-1 五龙桥塔

图 7-2　五龙桥塔须弥座

化。第一层塔壁有一面雕有结跏趺坐佛像,佛像的脸部与身材都比较瘦削。
第七层镌刻"治平四年建造"字样,其余各面雕刻已风化。塔檐弯曲翘起,
檐下方仿刻两层混肚石出檐,宝葫芦式塔刹。每层塔身均由一块岩石雕成,
塔檐由两块岩石拼接而成。五龙桥整体造型简洁明朗,没有多余的细节。

　　文化内涵: 五龙桥为石构桥梁,长 22.3 米,宽 2.92 米,两墩三孔,
桥墩单面仿船形,桥面以长条石平铺,其中一块石板镌刻有"治平四年建造"。
五龙桥塔与石桥已被列为福清市文物保护单位。据清乾隆《福州府志》载:"古
龙龙首桥在方成里(即城头镇五龙村)。长跨古龙西溪之上,东西立二陂,
凡三间五梁,左右镇以塔,如龙首,故名。"由此可知,五龙桥头原有左
右两座石塔,均为镇妖压邪之塔,但如今只剩一座,另一座不知何时被毁。
五龙桥塔四周为平原,后方数百米处为绵延起伏的山峦,山明水秀,景色
宜人。

## 2. 龙江桥双塔（图7-3）

位置与年代： 龙江桥双塔位于福清市海口镇龙江桥南面的桥头。龙江桥是宋政和三年(1113年)，太平寺僧人惠鄙、守恩等倡议建造的，而双塔也于同年建成。现为全国重点文物保护单位龙江桥的附属建筑。

建筑特征： 龙江桥双塔为六角七层楼阁式实心石塔，高5.5米。单层须弥座。东塔须弥座（图7-4）下枋每一面刻三朵祥云纹饰，但大部分都已损坏。下枭双层覆莲瓣，花瓣向内凹。束腰浮雕单狮戏球或花卉图案，有的狮子扑向绣球，有的双爪抱住绣球。转角雕体格粗壮的护塔侏儒力士，或双膝跪地，或单膝跪地，双手均撑在双腿上（图7-5）。上枭三层仰莲瓣，花瓣向外鼓起，显得饱满大气。第一层塔身施假平座。每层塔身转角设瓜楞柱，柱头为栌斗。塔身每面辟佛龛，龛内雕结跏趺坐佛像，其中二层佛龛为一佛二弟子造像，应该是释迦牟尼佛与他的大弟子迦叶和二弟子阿难。可惜其他塔身的佛像均已风化。层间叠涩出檐，檐口向上翘起，刻瓦垄、

图7-3 龙江桥双塔

图 7-4　龙江桥东塔须弥座

图 7-5　龙江桥东塔须弥座浮雕

图 7-7　龙江桥西塔

图 7-6　龙江桥东塔塔檐

瓦当与滴水。塔檐下方模仿双层混肚石出檐（**图 7-6**）。六角攒尖收顶，宝葫芦式塔刹。西塔（**图 7-7**）的造型与雕刻和东塔一样，虽然风化较为严重，但还能隐约看到仰覆莲花瓣、双狮戏球、坐佛等雕像。

文化内涵：龙江桥双塔为龙江桥的镇龙护桥之塔。龙江桥又名海口桥，是福建古代四大桥梁之一，全长 480 米，宽 5 米，花岗岩梁式构造，共有 39 个船形石墩。龙江桥所在之处是海口港，东面是福清湾，濒临大海。这里江面宽阔，波涛汹涌，建桥之前，经常发生翻船事故；桥建成后，有利于两岸的交通往来。塔上有联曰："长桥镇海口，双塔锁巨龙。"就生动地描述了雄姿焕发的龙江桥及其石塔。

## 3. 龙山祝圣塔（图 7-8）

位置与年代：龙山祝圣塔位于福清市区龙江街道水南村。据说，此处为龙山之巅，因塔在龙江之南，又名水南塔。据《福清县志》载，塔始建于北宋宣和元年（1119 年），系由居士林庚舍地而建。现为福清市文物保护单位。

建筑特征：龙山祝圣塔为八角七层楼阁式花岗岩空心石塔，高 22 米，塔座没有采用须弥座形式，只设简易的台座，周长 14.8 米。第一层转角倚柱由白、青两色花岗石拼接而成。一、七层塔身单向开门，二至六层双向开门，其余各面当间辟佛龛（**图 7-9**）。一至

图 7-8　龙山祝圣塔

图 7-10　龙山祝圣塔塔檐

图 7-9　龙山祝圣塔塔身

图 7-11　龙山祝圣塔塔顶

　　四层转角塔柱为分段式构造，五至七层用整根瓜楞柱。第一层塔门原有两尊护塔力士，但已不存。一至三层塔檐处为三层混肚状叠涩出跳，四至七层为双层混肚状叠涩出跳（图 7-10）。塔檐损坏严重，但六、七层塔檐还能看到部分瓦当、滴水、垂脊等构件，每条垂脊端头雕龙首。一至三层柱头栌斗上为双下昂，四至七层柱头栌斗上为四铺作单下昂，昂上再施一根仔角梁，而下昂与仔角梁由同一条石雕成。第六层门楣上嵌匾额，刻"龙山祝圣宝塔"。塔檐上方就是平座，但护栏均已丢失。塔心室为空筒式结构，一到四层采用螺旋式台阶，五到七层采用曲尺形台阶。八角攒尖顶（图 7-11），塔刹已毁，只剩刹底的覆钵造型。

　　龙山祝圣塔虽然破损严重，仍然保存了一些精美雕刻。第一层塔身下方镶嵌长方形青石，浮雕佛教故事。一层塔壁佛龛的几幅浮雕都很精致。其中，有一位高僧正静心打坐，右边雕一座金刚宝座塔；另有一位僧人正闭目沉思，左右各有一名小沙弥合掌站立；另有两名高僧面对面合掌而坐，似乎在参禅问道。此外，还有一组特别有趣，上下左右共四名小沙弥盘腿而坐。二至七层塔身佛龛内雕一尊结跏趺坐在双层莲花座上的佛像。此外，每层塔檐下方的一列石壁上还并排阴刻三尊小坐佛，只是雕工相对粗糙。

据《福清县志》载，南宋建炎三年（1129年）八月十四日，四至七层被台风吹毁，只保留一至三层，后于南宋绍兴十一年（1141年）重修，但又被毁，明代初年再次重修。目前，有很多专家都认为，龙山祝圣塔的一至三层为北宋原物，四至七层为明代重建。但只要认真观察石塔的建筑结构，就会对这一观点提出质疑，而所有的疑点都集中在第四层。笔者认为，一至三层与五至六层确如专家所言，分别建于北宋和明代，但第四层塔身不应该建于明代。其理由有以下六点：

①第四层塔身转角倚柱为分段式结构，与底下三层一样。如果是明代重建的，为何不和上面三层一样，采用整根瓜楞柱？

②一至四层塔心室为螺旋式阶梯，而五至七层塔心室为曲尺形阶梯。如果第四层建于明代，为何不采用曲尺形石阶？

③一至四层的条石采用相同的排列方式，而与五至七层塔壁排列的风格不同。

④第四层塔身的风化程度与下三层和上三层均不同，说明第四层塔身的建造年代不同于其他六层。

⑤五至七层塔身条石的排列方式，与福清明代的一些石塔，如瑞云塔、万安祝圣塔、鳌江宝塔的塔壁样式比较相似。如果第四层为明代建造，为何不采用明代的建塔风格？

⑥第四层塔身与上面三层塔檐均为双层混肚石加一条罗汉枋叠涩出檐，转角为四铺作单下昂，而与下三层的三层混肚石叠涩出檐和双下昂不同。

由以上六条的分析可知，第四层塔身既不是建于北宋，也不是建于明代，应是南宋重修时才建的。因此，笔者的结论是，龙山祝圣塔一到三层为北宋建筑，四层为南宋建筑，五到七层为明代建筑。由此，可大致描绘出龙山祝圣塔的建造过程。这座石塔先是在1129年的台风中被吹毁了上面四层，在1141年重建时，借鉴了福清地区流行的其他北宋时期楼阁式石塔的建造风格。明代时，五至七层又被毁坏，而这次重修时，则借鉴了福清流行的其他明代楼阁式石塔的建造风格。

1993年，《中国营造学社汇刊》第四卷第一期上刊登了梁思成先生的《福清古塔》一文。该文除描述了龙山祝圣塔的历史背景及建筑形制外，还描绘了该塔的白描图。曾经执教于厦门大学的德国学者艾克在《福清古塔》中对龙山祝圣塔的描述是："由塔基至塔顶都简朴非凡，无平座无栏杆，除各角外无支柱，只有极大的石昂伸出，表示一种整体的协调，那是任何建筑物优劣最后的试验。此外，更能表示出中国历来木制楣式建筑，亦有适用于石作之可能，同时又不是完全盲从模仿的；而将来中国建筑由木制变成石制，亦能如欧洲建筑一样，也在此看出途径。"

据《福清县志》载，这里应是龙山之巅，但如今只是比周边略高一点，看来经过800多年的变迁，四周地势增高许多。龙山祝圣塔目前破损严重，许多建筑构件都已脱落或丢失。塔上杂草丛生，急需维修。塔被民房重重包围，塔下还有垃圾堆，环境堪忧。

文化内涵：龙山祝圣塔坐落于龙江畔附近，具有关锁水口的作用，而且起名"祝圣"，又建于宣和年间，因此有向徽宗皇帝祝寿之意。虽然龙山祝圣塔历史悠久，饱经风霜，但风貌依旧，并与明代的瑞云塔隔江对峙。登临石塔，福清全城风光尽收眼底，笔者建议，当地政府可在此处建立龙山塔公园。

## 4. 灵宝飞仙塔（图7-12）

位置与年代：灵宝飞仙塔在福清市石竹山仙桥畔，坐落于石竹山石竹寺旁的岩石上，建于北宋宣和三年（1121年）。

建筑特征：灵宝飞仙塔为平面八角六层楼阁式实心石塔，高3米，每层收分不明显，是用一整块岩石雕琢而成的。塔基为单层须弥座（图7-13），转角施三段式竹节柱，束腰刻壶门，下枭与上枋皆为素面。单层叠涩出檐，檐口向上翘起，檐面呈凹形。塔身每面佛龛内刻佛像，除第一层有出现立式佛像外，其余均为结跏趺坐佛像，或双手合十，或结禅定印。八角攒尖

图 7-12 灵宝飞仙塔

收顶，葫芦形塔刹。在部分塔檐上方，有用水泥修补过的痕迹。

文化内涵：灵宝飞仙塔原名"舍利塔"，应该是座佛塔，但目前称此塔为"道士驱邪镇魔，修持至高境界的象征"，似乎又是座道塔。原来，石竹山最早是一座佛道共存的名山。早在汉代时，何氏九仙居山潜修；五代后梁时，"林真人炼丹于此，丹成骑虎飞升"。这都说明石竹山曾是道家方士寻仙、修道的道场。唐大中元年（847年），建石竺院后，佛教开始兴盛，道教逐渐衰落。北宋绍圣二年（1095年），

图 7-13 灵宝飞仙塔须弥座

图 7-14　瑞岩寺石塔

林真人飞升后所建的"灵宝观"迁到了玉融山。北宋宣和三年（1121年），佛教徒就建了这座舍利塔。南宋时，佛教更是趋于鼎盛。但到了南宋末年，石竹山出现了祈梦灵地之说，道教再次兴起。明代中叶，石竹山祈梦之灵验已是远近闻名。明代王世懋的《闽部疏》载：

图 7-15 瑞岩寺石塔须弥座

"福清县石竹山，亦有九仙灵迹，其山亦宏丽，在宏路驿大道旁，士人祈梦者，以秋往九鲤湖，以春往石竹山。石竹山是九仙离宫，为行春治所耶。"于是，石竹山成为佛道共存，并以道教为主的名山。因石竹山特殊的发展历程，这座舍利塔后来就逐步演变成道教驱邪镇魔的仙塔，成为亦佛亦道之塔。灵宝飞仙塔立于悬崖边上，造型细长，如一根长铜竖立在群山之间。这里背山面湖，气象万千，景色极佳。

## 5. 瑞岩寺石塔（图7-14）

位置与年代：瑞岩寺石塔又称葫芦顶，位于福清市海口镇瑞岩山瑞岩寺后的一块巨大岩石之上，建于宋代。

建筑特征：瑞岩寺石塔为喇嘛式塔，高4.5米，由须弥座、塔肚、塔脖子、塔檐、塔刹五部分组成。单层须弥座为六角形（图7-15），如意形圭角，圭角间刻卷云纹，束腰转角施三段式竹节柱，壶门雕刻已风化得十分严重，应为瑞兽与吉祥草图案。塔肚为圆鼓形，辟六个券龛，内刻梵文六字真言"唵""嘛""呢""叭""咪""吽"。圆形塔脖子显得比较粗短。六角形仿木构塔檐，覆钵式塔刹。目前，这座石塔是福建地区唯一保存最完整的古代喇嘛塔，对研究藏传佛教在福建的传播有着特殊的价值。

瑞岩寺石塔虽然是座喇嘛式塔，但与北方标准的喇嘛塔有些不同。①六角形须弥座具有福建宋代楼阁式塔须弥座的明显特征。②与标准喇嘛塔的巨大覆钵形塔肚不同，瑞岩寺塔的塔肚为椭圆形，更接近于福建当地五轮塔的塔身造型。③与喇嘛塔长长的塔脖子不同，瑞岩寺塔的塔脖子较短。④石塔塔刹为六角攒尖收顶，而一般喇嘛塔的塔刹为圆形华盖。通过这些特征可以看出，瑞岩寺石塔其实是一座具有喇嘛塔、五轮塔和楼阁式塔特征的新型石塔，说明了福清工匠按照当地佛塔的特点，对传入闽地的喇嘛塔进行了一些局部改造。

文化内涵：瑞岩寺石塔脚下有一刻"独醒石"三字的岩石。传说，戚继光驻兵瑞岩山时，就曾游览过该塔。塔的下方即始建于宋代的瑞岩寺和全国重点文物保护单位——弥勒佛造像。站在石塔旁眺望海口镇的远山近水，云影天光，顿感心旷神怡。此外，瑞岩寺石塔立于巨石上，所处位置高于瑞岩寺，除具有佛教功能外，还应具有镇风水，兴文运的作用。

## 6. 迎潮塔（图 7-16）

位置与年代：迎潮塔位于福清市三山镇泽岐村的海边，又名泽岐塔，建于明嘉靖二年（1523 年），明崇祯七年（1634 年）曾重修，福清市文物保护单位。《福清县志》载："迎潮塔，在化南瞻阳。嘉靖二年（1523）建。"迎潮塔原来向东南倾斜约 20 度，因斜而不倒，有"福清比萨斜塔"之称。可惜的是，前些年由于强台风侵袭，部分塔身倒塌，如今只剩下两层。

建筑特征：迎潮塔原为平面八角七层楼阁式实心花岗岩塔，高 18 米，塔围 11.2 米，是福建省第二高的实心塔。单层须弥座，塔足为如意形圭角，每边刻柿蒂纹，束腰转角施三段式竹节柱。第一层塔身（图 7-17）当间辟有方形佛龛，转角施倚柱，柱头以方形栌斗承托塔檐。倚柱上刻有"愿天常生好人，愿人常行好事""愿五谷常丰年，愿四海常宁谧"等祈福文字。层间单层混肚石出檐，檐上施平座。塔身二层保留一块牌匾，刻楷书："明

图 7-16 迎潮塔

图 7-17 迎潮塔一层塔身

崇祯甲戌岁 春三月吉旦 柱石凌霄 释募缘造。"八角攒尖顶，宝葫芦式塔刹。迎潮塔因建于滩涂之上，塔基极难稳固，从而导致塔身逐渐倾斜。尤为令人钦佩的是，福清工匠不仅在海滩上建立起高达 18 米的石塔，还使该塔屹立了 490 多年而不倒。

文化内涵：迎潮塔西面是东港和江阴半岛，故在此建塔有镇邪、保护过往船只的作用。而由塔上的祈福文字可知，迎潮塔还具有祈求吉祥安康、振兴文运的功用。此外，迎潮塔还是一座航标塔，为从兴化湾进出东港的船舶提供安全指引。如今，只剩两层的迎潮塔已被马尾松层层围住，四周尽是散落的塔石。笔者迫切希望，有关部门能加以保护。

## 7. 天峰石塔（图 7-18）

位置与年代：天峰石塔位于福清市海口镇南门村，由户部侍郎林正亨

图 7-19　天峰石塔须弥座雕刻

图 7-18　天峰石塔

图 7-20　天峰石塔塔身佛像

于明万历元年（1573年）荣归故里拜祖时，与刘应宠、黄见泰等人一起倡建。1997年曾重修，现为福清市文物保护单位。《福清县志》载："天峰塔在镇东卫南门外。明都谏林正亨、总兵刘应宠、举人黄见泰募建。"

建筑特征：天峰石塔为平面六角七层楼阁式实心石塔，高7.5米。双层须弥座，底边长1.1米，如意形圭角高0.25米，每边刻柿蒂纹。第一层须弥座双层下枋向内收分，一层高0.125米，边长0.97米；二层高0.11米，边长0.9米，下枭双层覆莲瓣，高0.13米，边长0.82米。束腰（图7-19）高0.31米，边长约0.72米，壶门浮雕狮子戏球，转角立执剑武士。上枭双层仰莲瓣，边长0.79米。第二层须弥座下枭双层覆莲瓣，边长0.7米。束腰高0.22米，壶门边长0.5米，刻花卉图案，转角施三段式竹节柱。上枭双层仰莲瓣，边长0.68米。塔身逐层收分，每层辟券拱形佛龛，内浮雕坐佛（图7-20），其中第一层塔身高0.45米，边长0.5米。每层均设假平座，并围以封闭式石栏杆，栏杆每面刻壶门。层间单层混肚石出檐，檐口弯曲，檐角翘起，仿刻瓦垄、瓦当、滴水等构件，檐角有孔洞，作挂风铃之用。六角塔檐收顶，宝葫芦式塔刹。天峰石塔明显借鉴了闽侯的青圃石塔，从建筑风格到塔身雕刻均十分相似，唯一的不同是，天峰塔为七层，而青圃石塔为九层。

天峰石塔最为特殊的是塔身佛龛上方和下方各有两个小孔，塔身每面有4个孔，每层塔身共有32个孔。之所以会凿这些孔洞，笔者推测主要有3个方面的原因：①天峰石塔坐落于海边，海风较大，每年还会有强台风，留有孔洞能削弱风力对塔的侵害。②天峰石塔是实心塔，内部填充着许多石子，留有孔洞利于排水。③天峰石塔是一块块雕琢好的石头通过吊装而垒砌成的，佛龛下枋的两个孔洞有利于绳索或铁链的捆绑。

文化内涵：天峰石塔建在海边山顶的一块岩石之上，面对福清湾，具有镇海妖、保平安的作用，可远眺龙江桥。

## 8. 万安祝圣塔（图7-21）

位置与年代：万安祝圣塔位于福清市东瀚镇万安所城东南面海边的山

图 7-21　万安祝圣塔

图 7-22　万安祝圣塔塔檐

顶上，由卫所官刘侠与寿官郭元昆于明万历二十七年（1599 年）募缘而建，福清市文物保护单位。

　　建筑特征：万安祝圣塔为平面八角七层楼阁式花岗石空心石塔，通高18 米。八边形单层须弥座，塔足为如意形圭角，上下枭刻双层仰覆莲花瓣，束腰浮雕双狮戏球或莲花造型。一、七层塔身开一扇塔门，二至六层开两扇塔门，其余各面当间辟方形佛龛，相邻塔层的塔门均不在同一直线上，相互交错而设。每层塔身转角立圆形倚柱，柱头为方形栌斗。双层混肚石叠涩出檐（**图 7-22**），混肚石下方分别施栏额或罗汉枋。塔檐中间水平，两端檐口翘起，刻瓦垄、瓦当、滴水等。塔檐转角铺作为五铺作单抄单下昂，下昂上方再设一仔角梁，用以承托檐口。下昂与仔角梁由同一块条石雕成，形成一个龙首造型。二层以上均设平座，部分石栏杆已损坏。塔顶为双重八角攒尖收顶，宝葫芦式塔刹。塔顶设双重塔檐使得顶部层次更加丰富，这在福建古塔中独一无二，就连层层设双层塔檐的千佛陶塔的顶部，也只是单层攒尖。塔心室为穿心绕平座式结构。第一层塔门有两尊威风凛凛、昂首挺胸、身披盔甲的护塔武士（图7-23、7-24），一尊左手插在腰间，右手按住剑柄，面带微笑；另一尊右手叉在腰部，左手执剑，表情严肃。第二层上方石匾凿刻"万安祝圣宝塔"。一至七层塔身佛龛内雕佛像。部分塔心室辟有佛龛，龛内原有佛像圆雕，但大部分都已丢失。塔旁立高2米的石碑，阴刻篆书"明刘侯建塔碑记"。经过数百年的海风雨水侵蚀之后，碑刻文字已模糊不清了。

　　抗战期间，万安祝圣塔遭到日本海军军舰炮击，塔檐有三个角被毁坏。由于所在位置比较偏僻，前几年地宫被盗。如今，地宫已被封上，不知有

图7-23　万安祝圣塔武士造像　　　　　　图7-24　万安祝圣塔武士造像

无文物失窃。

文化内涵：万安祝圣塔位于万安半岛的尖端，是福清陆地的最南端，三面环海，与海坛岛南端的塘屿隔海相望，地理位置险要，具有镇海妖、镇风以及导航的作用。从南面进出海坛海峡往福清的船舶，都能望见这座石塔。

## 9. 鳌江宝塔（图 7-25）

位置与年代：鳌江宝塔位于福清市上迳镇上迳村迳江北畔的鳌峰顶上，始建于明万历二十八年（1600年），历经3年建成，现为福清市文物保护单位。

建筑特征：鳌江宝塔为平面八角七层楼阁式花岗岩空心塔，高25.3米，由基座、塔身、塔盖和塔刹组成。单层须弥座高1.3米，底边长1.92米，如意形塔足高0.3米，下枭刻海浪纹饰，上枭刻双层仰莲花瓣，束腰高0.32米，边长1.9米。塔身逐层收分，外设塔檐与平座，整体造型笔直挺拔。一、七两层开一门，二至六层开两门，其余各面当间开凿佛龛，塔门位置逐层相互错开。塔檐（图7-26）仿木构屋檐，做成翚飞式，中间平直，两端檐角翘起，并刻出筒瓦、瓦当和滴水。每层塔檐双重混肚石叠涩出檐，混肚石下施栏额，上方再铺设罗汉枋与撩檐枋。每层塔身转角立半圆形塔柱，柱头为倒梯形栌斗，上为五铺作单抄单下昂，下昂为龙首状，昂上再设要头用以承托塔檐翘角，要头上方施仔角梁用以承托檐角。塔檐补间没有施斗拱。塔身施平座与栏杆，平座稍向外倾斜，利于排水。栏杆为近年重修。八角攒尖收顶，塔刹原为石葫芦造型，可惜民国时被雷电摧毁。塔心室为穿心绕平座式结构。

雕刻艺术：鳌江宝塔的须弥座束腰浮雕各种姿态的双狮戏球（图7-27），狮子嘴里均咬着飞舞的飘带，活泼可爱，有面对面相互玩耍的，有反方向奔跑却回头相望的。第一层塔门左右两边立两尊踏在石鼓上的护塔神将（图7-28），高1.58米。一尊右手放在腰上，左手倒提着宝剑；另一尊右手按住剑柄，左手插在腰间，均显得雄壮威武。每层佛龛都雕刻各种佛菩萨或罗汉造像，造型各异，或结跏趺坐，或结禅定印，或手拿花篮，

图7-26　鳌江宝塔塔檐

图7-27　鳌江宝塔须弥座狮子戏球造像

图7-28　鳌江宝塔护塔神将

图7-29　鳌江宝塔"海天清铎"刻字

图7-25　鳌江宝塔

或双手合十，或手捧经书，或手握禅杖，或手拿念珠，或双手交叉。有的罗汉脚下还雕有螃蟹，体现了沿海地区的特色。第三层佛龛雕刻建塔住持僧慧广的造像，第七层佛龛雕有文殊菩萨像与普贤菩萨像。第二层塔心室内还保留一尊释迦牟尼像，表现佛祖出生时，一手指天、一手指地，大呼"天上天下，唯我独尊"的场景，佛龛上方刻"释迦太子"。第五层塔心室刻"雪山宝相"，表现佛祖在雪山中修行的场景。20世纪70年代，塔中曾有一尊黄铜佛像被盗。

鳌江宝塔上还刻有一些文字。第一层塔门上方的罗汉枋额刻"南无阿弥陀佛"，二层匾额刻"鳌江宝塔"。一层塔门两侧塔柱镌刻"大方广佛华严经"和"大乘妙法莲花经"，其他塔柱镌刻"林大启舍银五十两报祖父荫儿孙""林守谊舍银五十两愿子孙行好事""林尚述舍银五十两愿子孙个个贤"等文字。二至七层塔门旁还镌刻吉祥诗句，如"愿四海宁谧，愿五谷丰登""愿天常生好人，愿人常行好事""国泰民安，风调雨顺""佛法常明，皇阁永固"等，表现了古人祈求幸福生活的美好愿望。七层塔门门楣刻"南无妙吉祥菩萨"，罗汉枋刻"海天清铎"（图7-29），上下联刻"嶙岣碍白日，突兀摩苍穹"。各层塔壁佛龛上的青石造像的左上方或右上方均刻有文字，如"林门X氏XX舍"等，主要记载了捐建者的情况。由此可知，塔上雕像均为当地林氏信女所捐。

文化内涵：传说，明代上迳镇林门有十八家子弟到海外谋生未还，十八位盼夫情切的妻子便捐资修建了鳌江宝塔，希望丈夫早日归来，但终不见亲人归航。所以，鳌江宝塔又被称为望夫塔或十八寡妇塔。鳌江宝塔原处迳江入海口，又是船舶进入兴化湾东港的航标塔。塔下的鳌峰，宛如巨龟出海；隔江蛇山，盘蜷欲动，大有"龟蛇锁江"之势。后来，由于当地民众不断填海围垦，石塔也逐渐远离兴化湾，迳江江面也逐渐缩小。鳌峰北坡原有鳌峰寺，不幸的是，寺庙毁于20世纪50年代的一场大火。

## 10. 瑞云塔（图7-30）

位置与年代：瑞云塔位于福清市区龙首桥北岸的小山上，建于明万历

图 7-30　瑞云塔

三十四年（1606年），现为福建省文物保护单位。

建筑特征：瑞云塔为仿木构楼阁式空心塔，平面八角形，共7层，高34.6米，由基座、塔身、塔盖和塔刹组成，塔身外设走廊，每层有飞檐。外形力求仿木构造，突出斗拱、梁等构件的作用与特点。整体造型笔直，古朴典雅。瑞云塔全部为花岗石建成。据《福清县志》载，建塔用的石材全部取自龙江入海口的网山地区，石材有较强的抗自然侵蚀能力。瑞云塔突出反映了福清地区明代古塔的建筑形制与石刻工艺水平。

瑞云塔外观瘦长，亭亭玉立，挺拔刚直，清秀剔透，自下而上收分很小，结构相当稳定，具有南方古塔的特征。瑞云塔没有中原地区古塔巍然宏伟的外形轮廓，也没有明显的逐层收分的样式。泉州建于南宋时期的东西塔周长有60米，瑞云塔周长仅为24米，因此东西塔需采用逐层收分，并使用塔心柱来稳定塔身；而瑞云塔没有塔心柱，收分又小，故需通过加厚塔壁、缩短塔周长，以减小塔心室空间，从而稳固塔身。瑞云塔除了须弥座、塔檐、塔盖等部分出现曲线外，其余皆是直线造型，塔身极具明朗、秀气、简洁、流畅的建筑风格。瑞云塔具有良好的抗震与防风性能，主要表现在以下两个方面。①八角形平面。瑞云塔平面采用正八角形，这是我国古塔建筑比较普遍的形制。高达34.6米的瑞云塔没有设塔心柱，采用八角形平面样式不仅有利于抗震，还可以加强塔身的坚固性。且福清位于沿海地区，每年台风较多，八角形塔身接近于圆形，可大大减轻台风对塔身的冲击。②塔身与立面布局（图7-31）。瑞云塔塔身条石采用纵横交错的方式相叠砌筑而成。这种方法在高层石塔中经常使用，能加强塔身上下纵横四个方面的整体牢固性，减轻石材剪应力的破坏，防止塔身的纵向开裂，保证塔体的坚固持久。瑞云塔塔身共有13个门，各层塔门的布局都很考究，彼此都隔层相互交错，避免上下两层的门在同一垂直线上，既增加了塔体的抗裂强度，也使塔身的重量分散开来，从而提高塔身的抗震能力。瑞云塔自建成以来，经历过数次大地震和强台风都安然无恙，充分说明了建塔者高超的建筑水平与智慧。

瑞云塔塔壁立柱顶端设置方形栌斗，栌斗上出一大一小二支斜昂以承接塔檐的翘角，而斜昂刻成怒目张口的龙首造型。这种样式与标准的木斗

图 7-31　瑞云塔塔身与塔檐

图 7-32　瑞云塔塔心室

拱有所不同，应该是借鉴了传统木斗拱的下昂和斗的构件，而省去了华拱。这样奇特的构造只出现在楼阁式石塔上。塔檐补间斗拱的造型则与传统木斗拱如出一辙，设两朵斗拱，出一跳，为四铺作单抄，斗上方再设一耍头承托塔檐。补间的两朵斗拱则是中心门洞和佛龛上方的补间斗拱间距明显大于两边斗拱的间距，这使得塔门和佛龛在视觉上显得更加突出，体现了明代补间斗拱的设计更加关注立面的和谐关系，具有较强的装饰性效果。瑞云塔塔檐借鉴了木构屋檐的造型与装饰，做出翚飞式形态，上方形成一条两端向上翘起的优美曲线。檐上施平座与栏杆，平座较为宽敞。

瑞云塔的塔心室为穿心绕平座式结构（图7-32）。瑞云塔为八角空心塔，每层均有方形塔心室，但空间较小，其塔壁、楼层和塔心室紧密结合为一体。登塔时由塔门进入，从一层到上一层，先需登七至八级台阶进入塔心室中心，然后拐90度弯，再登七至八级台阶，方才登临到上一层平座。如要再上一层，需环绕塔半周，才能进入通往上一层的塔门。这种"穿塔绕平座式"结构，在我国一些楼阁式空心塔中经常出现。

通过分析瑞云塔的建筑特征可知，其建筑构造继承了福建楼阁式石塔的样式，大体表现在以下两个方面。①瑞云塔的外部特征，特别是斗拱与塔檐结构，明显借鉴了建于南宋乾道元年（1165年）之前的莆田释迦文佛塔、建于南宋绍定元年（1227年）和嘉熙二年（1238年）的泉州东西塔、建于元顺帝至元二年（1336年）的石狮六胜塔等石塔，虽然它们彼此之间略有差别，但基本样式十分相似，瑞云塔的斗拱与塔檐是在这些早期楼阁式空心石塔的基础上发展而来的。另外，瑞云塔的整体造型也与福清当地较早的楼阁式石塔比较类似，如建于北宋的龙山祝圣塔、建于明代的万安祝圣塔和鳌江宝塔等。这些塔与瑞云塔一样，皆是七层八角仿木楼阁式空心石塔，造型笔直细长，玲珑秀气。②瑞云塔的内部结构与福州、莆田地区早期的一些楼阁式塔颇为相似，比瑞云塔更早的连江仙塔、崇妙保圣坚牢塔、龙华双塔、三峰寺塔、龙山祝圣塔、万安祝圣塔和鳌江宝塔的塔心室，均为穿心绕平座式结构。由此可以推断，瑞云塔在建造时参考了福建早期穿塔绕平座式石塔的建筑模式。综上所述，瑞云塔不仅借鉴了福清当地古塔的特点，还参考了福州、莆田、泉州等地区唐、宋、元时期的楼阁式空心

图 7-33　瑞云塔雕刻

石塔的特征，堪称福建楼阁式石塔的典范。

　　雕刻艺术：瑞云塔塔身共有 400 余幅精美的雕刻（图 7-33），分别是佛、菩萨、罗汉、高僧、金刚、飞天、力士、麒麟、狮、奔马、玉兔、鹿、猴、花卉、树木、山水等。瑞云塔不仅外壁雕满了浮雕，塔内也布满了精美的造像。每层塔心室内均设有佛龛，左右两边雕有菩萨、罗汉等像。此外，在每层台阶通道的顶部也都刻有观音像。在瑞云塔五彩缤纷的雕刻中，佛、菩萨、罗汉、高僧、武将等人物造像是主体，数量众多，有 300 余尊。其他如花卉、树木、山水、瑞兽、飞天、力士等造像，虽然画幅较小，但作为主体的装饰性陪衬，也有 100 幅之多，对整座塔的美观起了相当重要的作用。

　　瑞云塔第一层塔身每一面栏额下方雕有并列的五尊坐佛，代表五方佛。

一层塔心室过道佛龛内有一尊观音像，双腿交叉坐在叶片上。瑞云塔的佛、菩萨像所处的位置较为隐蔽，如塔第一层塔壁除塔门外，其余七个面每一面塔壁佛龛上方有并列五尊结跏趺坐的佛像，七面共三十五尊，但体量较小，动态统一，刻画简洁。二至七层塔壁外面并没有佛、菩萨像，只是在每层塔心室正中的佛龛内安放佛像，只有第三层塔心室佛龛两边各有一尊普贤菩萨骑象像与文殊菩萨骑狮像。另外，每层通往上一层的石阶上方，分别雕有一小尊观世音菩萨像。与其他题材的雕像相比，瑞云塔的佛、菩萨像不但数量少，体积小，造型变化简单，而且都位于较次要的地方。由此可以推断，瑞云塔上的佛、菩萨像只是作点缀之用。

瑞云塔每层塔壁都刻有许多高僧像、罗汉像（图7-34、7-35），其数量要远远多于佛、菩萨像，排列顺序也较为自由。第一层塔壁、佛龛两边，刻有两幅高僧像、罗汉像，体量都不太大。第二层至第七层塔壁、佛龛两边的高僧像、罗汉像，则是瑞云塔雕刻中较为精彩的部分，每尊高僧像、罗汉像都刻画得极为生动幽默，突出了人物的动态和表情，性格鲜明。尤其值得一提的是，第四层塔壁上的一幅罗汉穿鞋像（图7-36），相当滑稽有趣。第二层至第五层佛龛的上方、下方，还有一些高僧像、罗汉像。第五层佛龛下方的一幅浮雕主要描绘，伏虎罗汉正欲骑虎离去，另一名僧人却用双手抓住老虎的尾巴，似乎想留下伏虎罗汉继续讲经说法。同层的

图7-34　瑞云塔高僧造像　　图7-35　瑞云塔罗汉造像　　图7-36　瑞云塔罗汉穿鞋造像

另一幅浮雕主要描绘，一名高僧骑在马上，前有一名和尚牵着缰绳，后有一名和尚挑着扁担和行李，应是描写西行取经的场景。第六层的一幅高僧行脚图主要描绘，中间两名僧人头戴斗笠、脚踏祥云，左右两边各有一名侍者背着行李，显得风尘仆仆。这几幅雕刻作品均以寻常百姓的生活形态为蓝本，并加以艺术的提炼和夸张，充满世俗化、大众化和生活化的审美情趣。

瑞云塔只有在每层塔门的两边立有武将塑像，七个塔门共十二尊。需要指出的是，这些武将造像是瑞云塔雕刻中体量最大的部分。其中，第一层塔门两边的神将神情肃穆，披坚执锐，神采奕奕，一手执剑，一手放在胸前，其装扮具有明代武将的特征。

瑞云塔的植物纹样主要有莲花、兰花、菊花、松树等。莲花造像：由于佛教崇拜莲花的缘故，在魏晋南北朝时期，莲花已成为各种佛教艺术器物上常见的图案纹饰。瑞云塔上的莲花图案主要有两处，首先是须弥座每一面上枭的 3 层仰莲瓣，每层 24 瓣，每面共 72 瓣，每一片莲瓣均为尖拱龛形，显得厚实、大气、富丽、华美，继承了唐宋时代的风格特征。其次在瑞云塔三、四层塔壁上也有莲花图案，工匠们改变了传统莲花纹样严整规矩的装饰特点，模仿国画的笔墨风格，以浪漫自然的曲线来表现，熟练地利用刻绘结合的表现方法，在石板的平面上表现出莲花的立体感，线条清晰，纹饰流畅。这些莲花有的含苞欲放，有的亭亭玉立，有的莲叶随风摇摆，有的大如车轮，仿佛是仙女在翩翩起舞，芳香四溢，令人心怡。虽然这些国画式的荷花图案数量不多，但却有"接天莲叶无穷碧，映日荷花别样红"的感觉。工匠们能在坚实的岩石上雕刻出如此柔美的莲花造型，堪称明代福建石雕工艺的杰作。瑞云塔三层塔壁的兰花造型飘逸灵动，清雅潇洒，几片兰叶向左右伸展开来，显得雄健刚劲，花朵在绿叶间绽放，风韵清丽，幽香清远。瑞云塔的兰花造型也借鉴了国画中的兰花，婷婷袅袅，让人体悟到毛笔一波三折的韵味，惊叹于古代艺人巧夺天工的技艺。在兰花图案里，还有棵松树，虽然矮小却苍劲有力，树枝弯曲着使劲地向高处生长。在塔的同一层外壁上还有菊花图案，共 3 朵，开着硕大的花，姿态优美，昂首挺胸地挺立着。瑞云塔上的其他植物图案主要是作为主体的配景。如石塔第一层每个佛龛下方均有一幅瑞禽图,除正门外其余各面都有,共7幅,而其中一幅老鹰图的背景中就出现了树木造型。这些配景植物虽然较小,但工匠们仍一丝不苟地雕琢,形态颇有趣味性。瑞云塔的花卉植物造型中,只有莲花与佛教有密切的关系,而兰花、菊花、松树等则体现了文人的思想品格,有着文人画洒脱空灵的意境。瑞云塔上的兰花、松树等形象,在全国古塔中都极为少见,这就说明曾有文人士大夫参与建塔。为建塔募捐的叶成学和凌汉卿等人均是传统文人,他们必然把自己的思想融入石塔之中。

瑞云塔须弥座每面下枭为波浪起伏的海浪,保存较为完整,左右各8朵,共16朵,与须弥座一起,寓意佛教中的九山八海。佛教认为,世界以须弥山为中心,周边环绕着八座高山,而山与山之间各有一海,总称八海。在塔的须弥座上雕刻海浪也是常见的,如浙江杭州五代的白塔、金华五代的双林铁塔、浙江湖州唐代的飞英塔和泉州宋代桃源宫经幢塔等,均出现了海浪造型。不过,在福州地区其他古塔相同的位置上较少出现海浪的雕刻,而是多以莲花代替,如福清市的龙江桥双塔、闽侯县的镇国宝塔、福州市区的坚牢塔等。这也说明了瑞云塔的建造主要吸取了江南地区古塔的雕刻特征。瑞云塔的三、四两层上的假山造型颇为奇特,表面纹理纵横,形状各异,姿态奇特竣削,曲折圆润,通灵剔透,具有苏州园林中太湖石"瘦、皱、漏、透"的审美特征。虽然塔上雕山石在我国古塔中经常出现,太湖石雕刻却是极其少见的,在福建地区的其他古塔中也是绝无仅有的。在瑞云塔充满佛教意味的雕刻中,太湖石造型显得特别引人注目,颇具生活气息,说明福清当地文人墨客向往抒情悠闲的生活情趣。

瑞云塔的动物雕刻主要集中在须弥座和第一层塔壁上。须弥座束腰8个面的浮雕从北往东分别是麒麟(图7-37)、狮子(图7-38)、白马(图7-39)、狮子、玉兔(图7-40)、狮子、麋鹿,姿态栩栩如生,充满活泼感和韵律感。麒麟是仁兽,为天上的神物,是神的坐骑。麒麟雄性称麒,雌性称麟,一般是雄雌一起出现,瑞云塔的麒麟也是雄雌两只,一前一后互相嬉戏,整体动态基本一致,只是一只头部向前,另一只回头张望,四周点缀着花草。狮子是传统吉祥纹样,是权力与威严的象征,受到佛教的

图 7-37 瑞云塔麒麟造像

图 7-38 瑞云塔双狮戏球造像

图 7-39 瑞云塔白马造像

图 7-40 瑞云塔玉兔造像

推崇，有保护佛法的作用，往往佛塔中都有狮子的形象。瑞云塔须弥座有
3 组共 6 只狮子戏球图案，两组奔跑方向一致，还有一组方向相反。这些
狮子的嘴巴里都咬着彩带，神态既勇猛又温顺。狮子历来被人们赋予辟邪
消灾的人文含义，又有祥瑞的色彩，具有守护、威慑的作用。瑞云塔上的
狮子，有护卫佛教的意思，但却以狮子戏球的造型出现，显得亲切可爱，
因此又有人们祈求吉祥的民俗内涵。白马图中有两匹马一前一后飞奔在水
面之上，彼此相互顾盼，特别是马尾高高地扬起，有种风驰电掣的感觉。
马是雄壮、力量的象征，代表了民族的生命力和进取精神。佛教中还有白
马驮经入中原的典故，洛阳还建有白马寺，因此，塔上出现白马也有佛教
东传的含义。玉兔图中有两只白兔半蹲在草地上，神态安详，质朴宁静，

含情脉脉地望着空中的明月。古人认为，兔是月宫中不老的精灵。兔在民俗里，也是民众膜拜的神灵，与兔子有关的节日较多，如正月十五元宵节的兔灯，八月十五中秋节的赏月。兔是吉祥之物，民间谚语说："白兔一见天下安。"塔身雕玉兔，反映了建塔者渴望天下太平的美好愿望。瑞云塔的玉兔观月，还有纯洁无瑕之意，这也符合佛教提倡清静无染的真如妙心的思想。麋鹿图中有两只鹿悠闲地趴在草地上玩耍，互相对视，中间有棵灵芝。麋鹿代表吉祥如意，人们以鹿为神，并赋予其超凡的威力。此外，鹿还代表王位，《六韬》就有"取天下若逐野鹿"之说。得鹿者则得天下，失鹿者则失天下。因此，鹿不仅是神兽，而且是王权的象征。传说，鹿是天上的瑶光星散开时生成的瑞兽，常与神仙、仙鹤、灵芝、松柏等一起出现，有布福增寿、幸福安康之意。鹿又与"俸禄"的"禄"同音，有加官晋爵之意。因此，瑞云塔上的麋鹿雕刻充分表现了倡建瑞云塔的官员们浓厚的儒家思想。明清时期，福建各地民众往往以鹿为吉祥、长寿的象征。

第一层塔壁的佛龛下方雕刻有凤凰、仙鹤、喜鹊等。凤凰被视为中华民族美好的象征，数千年来，已经渗透到我国的神话、诗词、艺术等领域之中。凤是一种神鸟，被尊为百鸟之王，是祥瑞的代表之一。明代以来，凤鸟图案被普遍地应用在建筑、陶瓷、家具之中。一般来说，凤凰主要出现在宫廷建筑上，佛塔和普通民居上也偶尔出现。瑞云塔上的两只凤凰一前一后飞在云端，寓意着建塔者对国家繁荣富强和民众幸福安康的美好祝愿。而且"凰"与"皇"同音，寓意福清官员与民众对君王的拥戴。鹤是长生不老的仙禽，在我国民俗中，鹤寓意着长寿永生、羽化升仙、平安祥和等。瑞云塔上有两幅仙鹤图，其中一幅双鹤图里，一只仙鹤站立着长鸣，另一只仙鹤从空中俯冲下来，体态轻盈，举止有节。在另一幅双鹤图中，一只仙鹤正展翅欲飞，另一只正缓缓地从天上飞下。由于鹤是道家仙人翱翔蓝天的坐骑，故它的出现常常预示着神仙即将降临。在仙鹤四周，还有喜鹊上下飞舞，构成一幅天下皆春、万物欣欣向荣的美好、喜庆景象。第一层塔壁的西面还有一幅金翅鸟立像图。金翅鸟又名伽楼罗，是佛教天龙八部之一，众鸟之王，以龙族为食，据说它常常盘旋于佛的头顶上空，保护佛的安全。瑞云塔上还雕有龙、虎、象、猴的形象，但都是作为配景出现。

如第五层塔壁上的一幅罗汉图中，一只飞龙翱翔于罗汉右上方的天空中；第七层塔檐的各个檐角各有一尊龙首，为石塔平添了庄严神秘的气氛。在第五层塔壁上的另一幅罗汉图中，一个罗汉正骑着一只猛虎；在第三层塔心室内，雕有文殊菩萨像和普贤菩萨像，他们分别骑着狮子和大象。其中的狮子和大象，都是佛教中的吉祥物。"猴"与"侯"同音，故有封侯之意。故瑞云塔上的猴图案，也为石塔增添了一种吉祥的寓意。总之，瑞云塔上的瑞兽图案体现了浓浓的宗教寓意和民风民俗，寄托着当地官员和民众都的美好愿景。

　　瑞云塔的六、七两层的塔壁、佛龛顶部，均出现了飞天图案（图7-41）。飞天本是古印度佛教中的人物，梵名"乾婆"，又名"香音神"，是伴随佛教而传入我国的。许多佛塔上均有飞天的优美形象，在福建，特别是福清、莆田和泉州地区的佛塔上都经常出现飞天，如陶江石塔、三峰寺塔、释迦文佛塔等，均有飞天图案。由于在佛教的神祇系统中，飞天的地位较低，所以佛塔上飞天的位置都比较隐蔽。如瑞云塔仅在六、七层外壁的最上端出现了飞天，体量均较小，每层6幅，两层共12幅，每幅2到3尊飞天。这些飞天高居瑞云塔上端，手持着琵琶、古琴、拂尘等，凌空飞舞，满身飘带飞扬，仿佛撒落满天花雨，从而构成了一个欢乐祥和的佛国世界。

　　须弥座束腰转角处的8尊负塔侏儒力士（图7-42、7-43）十分可爱，总体造型明显参考了泉州西塔须弥座的样式。据考证，在古印度的佛教雕刻中，经常把承托须弥座的力士塑成侏儒的形象，这一传统随着佛教传入我国后，一直保留至今。瑞云塔的侏儒力士个个矮矮墩墩，挺胸露腹。他

图7-41　瑞云塔飞天造像　　　　图7-42　瑞云塔侏儒力士造像　　　图7-43　瑞云塔侏儒力士造像

们以矮小的身躯托住塔身，有的身穿短衫，有的赤膊裸身，有的双目圆睁，有的龇牙咧嘴，有的歪头侧脸，全都是单膝跪地，使出浑身力气托住须弥座。这些力士的表情和动态均十分形象生动，充满丰富的艺术想象力。瑞云塔一至六层的塔檐上还各有一尊镇塔小将军像，全塔共 48 尊，其装扮具有明代武将的特征，个个神情肃穆，俯视着下方，为塔的外观增添了几许灵动感。总之，这些侏儒力士、小将军造像既点缀了瑞云塔的外观造型，又增强了瑞云塔的佛教意味。

文化内涵：研究一座建筑，不仅要关注它的结构特征，还需进一步探究其深层次的精神内涵。中国古人往往把当地的民风民俗、宗教信仰和思想感情等融入塔的建造之中，从而形成独特的古塔文化。瑞云塔的文化内涵十分丰富，下面，笔者分别从风水文化、佛教意蕴、船舶航行标志、多种功能性质等方面加以论述。

从明代中叶起，我国南方地区开始大量兴建风水塔。一般来说，风水塔主要有三个方面的作用：①弥补地形的不足；②祈求文运昌盛；③镇煞压邪，保一方平安，而瑞云塔兼具这三个功能。瑞云塔是由曾任明万历首辅的叶向高之子叶成学和县令凌汉卿募建的，主要是为了"点缀融城风景之不足""补龙江地势之旷"，因此，瑞云塔首先是座风水塔。叶向高博学多闻，深谙堪舆之术，叶成学造瑞云塔时受其影响颇深。据说，瑞云塔建成之后，叶向高非常满意，称赞儿子的胆识和能力超过了自己。

风水思想是我国传统文化中独特的环境艺术思想，是经过长期发展而形成的一种天、地、人相互联系并有机统一的建筑文化生态系统，旨在促进人与自然环境的和谐相处，构建"天人合一"的理想生活环境。在古代，无论是建造一座城市，还是修建一栋建筑，都会考虑风水学上的因素。如果城市有一方空缺，就需建一座塔来弥补，这是古人常用的方法。因此，弥补地形之不足是瑞云塔的首要功能。此外，它还具有很多其他方面的功能。如瑞云塔塔顶的形状如尖锥，类似笔锋，既有龙角之喻，又象征文笔，可振兴当地的文运。因瑞云塔是由一班儒士倡建的，自然寄托着他们希望福清文风鼎盛的美好意愿。在堪舆文化中，城镇的兴衰主要决定于"水口"（即河流的出口）。由于福清地形西高东低，龙江是当地最大的河流，自西往东流入福清湾，每年的四月至九月是汛期，龙江水肆虐，福清城关经常遭到洪水的侵害，所以，叶成学等人才会选择在福清城区东南向的龙江畔的山顶上建塔，以镇河妖，防止水患。另外，在风水学中，"水主财"，故建瑞云塔还可防止福清的财运外流。总之，瑞云塔的建造既体现了福清地区重视教育的优良传统，又反映了风水思想对建塔者的深刻影响，蕴含着儒道两家的思想观念，实现了建筑物与自然环境的完美融合与统一。

瑞云塔除了具有儒家、道家和民风民俗的文化特征外，还体现了佛教的思想与义理。从这个意义上看，它也是一座佛塔。瑞云塔上的佛、菩萨、罗汉、高僧、飞天、莲花等造型，构成了一个绚丽多姿的佛国世界。此外，每层的塔心室内都设有一佛两菩萨造像，可供信徒礼拜。因此，瑞云塔又带有浓厚的佛教意蕴。据载，叶向高致仕后，经常参加佛教和道教的活动，多次倡修寺庙、道观，并在家乡福清重修了不少佛寺。由此不难推断，叶成学建塔时，必然会考虑到父亲对佛教的崇奉之情。除瑞云塔外，我国还有许多塔，既是风水塔又是佛塔。笔者推断，其原因之一应是建塔者希望能得到佛菩萨的庇佑，使当地风调雨顺，人民幸福安康。

瑞云塔除了是风水塔、佛塔外，还是一座航标塔。瑞云塔矗立在龙江畔的山顶上，可为往来龙江的船舶指引方向。每当船舶经过福清湾，即将进入福清县城时，首先映入眼帘的就是那座高高耸立的瑞云塔。如今，站在塔上，可东望福清湾，西望层峦叠嶂的群山，南北皆是平原与丘陵，龙江蜿蜒曲折地流过塔旁，福清全城尽收眼底，风景美不胜收。

综上所述，瑞云塔的功能可以概括为以下几个方面。①供民众礼佛拜佛。②弥补福清地形上的不足，完善当地的人文景观。③振兴文运，保佑当地学子魁星高照，文运亨通。④镇河妖，防止洪水的侵害。⑤防止龙江水带走福清的财运。⑥为来往的船舶指明方向。由于瑞云塔集佛塔、风水塔、航标塔等多种功能于一身，所以塔上的雕刻内容极为丰富，除佛教中的各种人物形象外，还有许多民间传统的吉祥图案，在严肃的宗教氛围里，流淌着民风民俗的气息。这也充分体现了明代以后，我国古塔功能逐渐多样化和世俗化的发展趋势。

瑞云塔作为多种塔文化的集合体，具有丰富的文化内涵，体现了我国明清时期建塔的总体思想，说明我国古塔经过千年的演变，已由原来珍藏佛祖舍利的圣物、佛教的标志性建筑，向着多元化方向发展。瑞云塔体现了儒、释、道三家的文化思想与民俗特征，融合了本土文化与外来文化，包含了对美好理想的向往和追求，创造了一个内涵丰富的多功能建筑物，将崇高的宗教思想同世俗的现实生活联系起来，实现了人道与天道的有机统一。

瑞云塔在建筑形制、雕刻工艺等方面均具有较高水平，具有浓厚的宗教色彩和丰富的民族传统文化内涵。瑞云塔是我国典型的楼阁式空心石塔，具有相当高的艺术价值和文物价值。就建筑样式而言，其上承福建地区唐、五代楼阁式石塔的建筑特色，受两宋、元、明代早期的楼阁式石塔的影响较大，并对明末和清代的楼阁式石塔产生了深远的影响。不可否认的是，瑞云塔毕竟已经走过了四百多年的沧桑岁月，虽然堪称坚固，但有些构件已经松动，许多浮雕受到不同程度的侵蚀与损害，周边环境也较为杂乱。因此，笔者在此呼吁当地政府，尽快出台针对瑞云塔的修整与保护规划。

## 11. 紫云宝塔（图7-44）

位置与年代：紫云宝塔因位于福清市东张镇东张水库鲤尾山上，故又称鲤尾塔，建于明代。现为福清市文物保护单位。

建筑特征：紫云宝塔为平面八角七层楼阁式空心花岗岩塔，高26米。单层八边形须弥座（图7-45），塔足雕如意形圭角，底边长2.23米；下枭高0.27米，边长2.18米，刻仰莲花瓣；束腰高0.34米，边长2.13米，壶门宽2.04米，精雕细刻着莲花、牡丹花（图7-46）、鲤鱼（图7-47）、麒麟（图7-48）、双狮、仙鹤、麋鹿（图7-49）、猕猴、凤凰（图7-50）、喜鹊、山石、树木等图案，转角施三段式竹节柱；上枭高0.14米，刻仰莲花瓣；上枋高0.13米，边长2.19米，无纹饰。塔身每层辟券拱形塔门或方形佛龛。塔身一层北面开一塔门，高1.93米，宽0.67米，两侧原各雕刻一尊武士，但已被毁坏。塔壁佛龛内还残留少数罗汉像，其中有一尊伏虎罗汉，面目严肃，右手举在胸前，左手按住猛虎。第三层塔门上方匾额刻"紫

图 7-44　紫云宝塔

图 7-45　紫云宝塔须弥座

图 7-46　紫云宝塔牡丹图案

图 7-47　紫云宝塔鲤鱼图案

图 7-48　紫云宝塔麒麟图案

图 7-49　紫云宝塔仙鹤与麋鹿图案

图 7-50　紫云宝塔凤凰图案

云宝塔”，四周还刻有卷草纹。第七层塔壁上刻“梵天清吹”。每层塔身转角立半圆形倚柱，柱上阴刻捐资人姓名。如一层倚柱刻“永寿里石聪云舍银陆拾两正”“永寿里石柱舍银陆拾两正”“永寿里石中孚助银伍十两正”。柱头为倒梯形栌斗，上为四铺作单抄单下昂，下昂为龙首状，昂上方直接承托塔檐翘角。层间以双重混肚石叠涩出檐，倚柱间施栏额，两混肚石间架设罗汉枋。塔檐做成翚飞式，檐口水平，檐角翘起。塔檐上设有平座和石栏杆，但栏杆已毁。八角飞檐攒尖顶，宝葫芦式塔刹。塔心室为穿心绕平座式结构，室内佛龛均安放观世音造像。紫云宝塔塔身收分较小，挺秀笔直，如一把利剑直插云霄。近年来，紫云宝塔因遭到数次盗挖，显得破败不堪，塔身也发生倾斜，急需加以修复和保护。

文化内涵： 紫云宝塔原坐落于龙江中游畔的山顶，是当地的兴文运保安康的风水塔。1957年开始建东张水库，水面上升，这里形成石竹湖，紫云宝塔变成了湖畔塔。石塔周边树木茂密，人迹罕至，湖对面就是石竹山风景区，希望能开发成紫云宝塔生态公园。

## 12. 万福寺舍利塔（图7-51）

位置与年代： 万福寺舍利塔位于福清市渔溪镇黄檗山万福寺后面的塔院中。据说，原有30多座舍利塔，如今只剩下3座，分别是荆岩禅师塔、费隐容和尚寿塔和千仞寿塔。其余皆为近年新建的墓塔。

建筑特征： 荆岩禅师塔（图7-52）建于元至元四年（1344年）。2010年5月，万福寺在修建蓄水池时，在方丈寮西北侧20米处挖掘出荆岩禅师的塔墓以及青花碗、碟等随葬品。荆岩禅师塔为六角形亭阁式双层石塔，高1.25米，六边形底座直径为1.24米。双层塔身之间没有设塔檐，转角施半圆形倚柱，每层塔身两倚柱间隐出额枋、斗拱和驼峰。塔盖直径0.9米。六角攒尖顶，塔刹已毁。一层塔身正面刻"荆岩禅师藏真之塔"八字，背面刻"至元甲申腊月吉日小师了园等

图7-51 万福寺舍利塔

图 7-52 荆岩禅师塔

图 7-53 费隐容和尚寿塔

共抽己财造"。由塔身铭文可知，此塔是由荆岩禅师的徒弟小师、了园等人用自己的钱为师傅建造的。虽然荆岩禅师塔的造型简单，雕琢粗糙，但因福建地区的元代僧人墓塔较为少见，因此颇具文物价值。

费隐容和尚寿塔（图 7-53）为六角双层经幢式石塔，高 3.05 米，近年重修过塔身与塔基。单层六角形须弥座，素面无雕刻。第一层塔身上下雕双层仰覆莲瓣，正面横刻"皇明"，竖刻"临济正传第三十一世费隐容和尚寿塔"，并标明造塔时间为"崇祯十四年岁存"。塔盖六角形仿木构塔檐，刻瓦垄、瓦当、滴水等，檐口向上翘起，宝珠式塔刹。据文献记载，费隐通容禅师是福清人，为临济宗三十一世传人，天童密云圆悟禅师之法嗣。他 14 岁出家，受具足戒后，开始游方各地。他先投慧经禅师，禅师令其参赵州狗子无佛性之公案；后参圆悟禅师并大彻大悟。崇祯六年（1633 年），初住黄檗山万福寺，于顺治十七年（1660 年）圆寂。需要指出的是，塔上铭文将其圆寂时间写为崇祯十四年，与史载有误。笔者推断，应是近年重修时雕刻有误。

　　千仞寿塔（**图 7-54**）为窣堵婆式石塔，建于明代，高 2.2 米。六角形单层须弥座，双层圭角层，塔足刻如意形圭角。两层的圭角各不相同，一层瘦长平直，二层饱满弯曲，而且一层圭角间垂直向下，二层圭角间呈凹陷形，富有节奏感。须弥座上下枋刻仰覆莲花瓣，束腰雕刻花卉和"卍"字、盘长等佛教图案。圆柱形塔身下方基座刻覆莲瓣，正面凿一欢门佛龛。顶部由三段曲线构成，内刻"千仞寿塔"四字。

　　目前，在这三座石塔周边又新建了许多舍利塔。万福寺周边极为深邃宁静，安然祥和。

　　文化内涵：万福寺始建于唐贞元五年（789 年），历代均有修缮。明万历四十二年（1614 年），皇帝御赐"万福禅寺"匾额。20 世纪 80 年代，被定为全国重点寺院。清代初期，万福寺隐元禅师东渡日本弘法，并在日本京都建立了一座与福清万福寺的建筑规模、丛林制度、宗教仪式等完全相同的万福寺。之后，隐元禅师还成立黄檗宗。从 1979 年开始，日本黄檗宗僧人多次组成"古黄檗拜塔友好访华团"，来福清万福寺拜塔祭祖。

图 7-54　千仞寿塔

## 13. 万福寺三塔墓（图7-55）

位置与年代： 万福寺三塔墓位于黄檗山万福寺附近，就在通往寺庙公路右侧的山坡上，共有 3 座，为窣堵婆式石塔，高约 1.9 米，一字排开，均建于明代。从墓的右边往左分别是本山勤旧塔、历代尊宿塔和诸方耆德塔，福清市文物保护单位。

建筑特征： 本山勤旧塔（图 7-56）为单层圆形须弥座，高 0.86 米，底边长 0.89 米。如意形圭角，高 0.28 米，上下枭刻双层仰覆莲花瓣，束腰高 0.25 米，以竹节柱分成六面，每面刻壶门，内有瑞兽、花卉图案，但几乎风化殆尽。钟形塔身高约 1 米，直径 0.8 米，正面辟有一高 0.3 米、宽 0.26 米的壶门，内刻"本山勤旧"。塔顶以寰形整石封顶。

历代尊宿塔（图 7-57）与本山勤旧塔的造型基本一致，均为单层圆形须弥座，如意形圭角，上下枭刻双层仰覆莲花瓣，束腰以竹节柱分成六面，浮雕狮子、花卉等图案。塔身钟形，正面辟壶门，内刻"历代尊宿"。 塔

图 7-55 万福寺三塔墓

图 7-56　本山勤旧塔

图 7-57　历代尊宿塔

图 7-58　诸方耆德塔

顶以窦形整石封顶。

　　诸方耆德塔（图 7-58）与前两座塔的样式相同，单层圆形须弥座，圭角雕成如意形，上下枭刻仰覆莲花瓣，束腰以竹节柱分割成六面，雕刻有狮子、麋鹿、老虎、海棠、牡丹等图案。塔身钟形,正面辟壶门,内刻"诸方耆德"。塔顶以寰形整石封顶。

这3座塔的须弥座造型均比较特别,其束腰和上下枭为圆形。这种样式在福建窣堵婆式塔中极为罕见。

文化内涵:从这3座塔的名称可以看出,塔内埋藏着不同的僧人。"勤旧"指的是寺院里的知事、侍者、藏主等退职人员。由于他们在位时,勤于佛教事务,故称勤;又因已退休,故称旧。本山勤旧塔就是埋藏万福寺历代退休僧人舍利子的墓塔。"尊宿"是指有名望且年老的高僧,因此历代尊宿塔内埋藏的就是万福寺历代德劭年高的僧人。"耆德"语出《书·伊训》:"敢有侮圣言,逆忠直,远耆德,比顽童,时谓乱风。"其意是指年高德劭、素孚众望者。此处特指对佛学研究精深,品德高尚的老年僧人。因此,耆德塔内埋藏的就是万福寺历代高僧大德。

万福寺除了以上6座墓塔,还有几座塔分布在寺院周边的群山之中,但因年代较久,已不易寻找。这些墓塔凝聚了万福寺悠久的历史与深厚的文化底蕴。

## 14. 白豸塔(图7-59)

图7-59 白豸塔

位置与年代:白豸塔位于福清东张水库中,建于清康熙年间(1661—1722年)。

建筑特征:白豸塔原本为平面六角七层楼阁式实心石塔,高16.7米,坐落于东张古镇北侧的山坡上。20世纪60年代,因修建东张水库,石塔完全被水淹没,故又称为"湖中塔"。2018年,因水库的水位下降严重，石塔又重新露出水面，但只剩一层。每面塔壁辟佛龛，内雕坐佛。塔柱上刻有捐资者的情况，如"监生陈文杰奉银拾两正""监生陈文忠奉银肆拾两正""庠生陈文德奉银壹拾贰两正"等。

文化内涵：白豸塔是东张古镇的风水塔，寄托着古人祈求风调雨顺的美好愿望。笔者希望，当地政府能对白豸塔进行迁址重建，使之和鲤尾山上的紫云宝塔相互辉映。

图 7-60　幻生文禅师塔

## 15. 幻生文禅师塔（图7-60）

位置与年代：幻生文禅师塔位于福清市东张镇灵石山国家森林公园内的西来寺附近的密林里，建于清代。

建筑特征：幻生文禅师塔为平面八角经幢式石塔，高 2.4 米。单层八边形须弥座，如意形圭角，束腰雕花卉纹饰，须弥座上安置圆形覆莲瓣盘座，莲瓣较细长，上方立八边形幢身，正面刻楷书"嗣祖沙门幻生文禅师"，背面刻楷书"康熙甲寅孟春立"，幢身上方为圆形仰盘。六角攒尖收顶，塔刹为桃形。与一般经幢式石塔不同，幻生文禅师塔比较低矮，符合墓塔的特征。

文化内涵：幻生文禅师塔附近有座西来寺，始建于宋代，至今已有400 多年的悠久历史了。寺院规模虽小，但四面环山，环境十分清幽。

## 16. 灵石寺三塔墓（图7-61）

位置与年代：灵石寺三塔墓位于福清市东张镇灵石山主山芙蓉峰下的灵石寺后山，建于清代。现为福清市文物保护单位。

图 7-61　灵石寺三塔墓

图 7-62　金刚幢塔

自从唐大中元年（847 年），灵石寺建立以来，历代主持的舍利均建塔埋葬，位置遍布寺旁的各个山头，后因年久失修，多数荒废。清康熙二十四年（1685 年），监寺寂影禅师听从众僧的建议，将散落寺庙周围的所有祖师舍利集中起来埋葬，形成如今的三塔墓。

建筑特征：三塔墓呈风字形，墓前有两个石台，刻有篆书"谿光台"。这 3 座塔均为窣堵婆式石塔，中间一座较高大，两边的较小。

图 7-63　金刚幢塔须弥座雕刻

　　大塔为金刚幢塔（**图 7-62**），单层八边形须弥座，底边长 1.05 米，如意形圭角，高 0.23 米。下枋高 0.11 米，边长 1.02 米，每面仅能依稀见到残存的鸟兽图案。下枭刻覆莲花瓣，高 0.07 米，边长 0.97 米。束腰高 0.33 米，边长 0.82 米，每面雕狮子、花卉等图案（**图 7-63**），转角施竹节柱。上枭高 0.07 米，边长 0.9 米。须弥座上方置八边形覆钵座，边长 0.84 米。塔身为钟形，正面辟高 0.56 米、宽 0.36 米的圭形佛龛，内刻"唐开山惠胜和尚全历代住持诸大禅师之塔"，佛龛上方铭刻"金刚幢"。塔顶以寰形整石封盖。

　　左侧为耆宿塔（**图 7-64**），单层八边形须弥座，底边长 0.8 米，如意形圭角高 0.17 米。下枋刻覆莲花瓣，高 0.1 米，边长 0.82 米。下枭高 0.13 米，边长 0.77 米。束腰高 0.25 米，边长 0.7 米，每面刻壶门，转角施竹节柱。上枭刻仰莲花瓣，边长 0.76 米。须弥座上方置八边形覆钵座，边长 0.71 米。钟形塔身正面辟有高 0.41 米、宽 0.305 米的佛龛，内铭刻"耆宿之塔"。塔顶以寰形整石封盖。

图 7-64　耆宿塔

图 7-65　勤旧塔

　　右侧为勤旧塔（**图 7-65**），单层八边形须弥座，底边长 0.84 米，如意形圭角高 0.2 米。下枋高 0.11 米，边长 0.81 米。下枭刻覆莲花瓣，高 0.13 米，边长 0.74 米。束腰高 0.26 米，边长 0.53 米，每面浮雕狮子、花卉等图案，转角施竹节柱。上枭刻仰莲花瓣，边长 0.73 米。须弥座上设八边形覆钵座，边长 0.71 米。钟形塔身正面辟高 0.43 米、宽 0.305 米的佛龛，内铭刻"勤旧之塔"，表明安葬的是勤劳有德的僧人。

　　文化内涵：三塔墓后面有为霖道霈禅师撰写的《灵石修建三塔记》，记录了三塔墓的历史沿革及重修经过。据碑文记载，灵石寺的开山始祖是唐代的俱胝和尚，相继凡五十余代。清康熙二十四年（1685 年），道霈和尚模仿其他地方三塔的模式建造三塔墓，并收集灵石寺其他墓塔的舍利埋藏其中。在这次清理的过程中，在第五代冰禅师墓里发现两个装有舍利子的莲花瓷瓶，"一贮脊骨一节，其坚如玉，其色若金，纹理分明，净洁无比。一贮舍利三十三粒，五色辉煌，晶莹夺目"。于是也一起埋入三塔墓中。灵石山佛教十分兴盛，曾有"七寺三十六庵"，位列闽中"四大禅林"之一。

# 第八章
# 连江县古塔纵览

连江县位于福州东北部，是闽江口金三角的北翼，目前保留15座古塔，其中，楼阁式塔6座，窣堵婆式塔4座，宝箧印经式塔1座，亭阁式塔2座，灯塔2座。

## 1. 连江钱弘俶铜塔（图8-1）

位置与年代：1952年，连江钱弘俶铜塔被发掘于连江南门城楼下的一座楼阁式石塔内，原是五代时期吴越国王钱弘俶（929—988）所造的众多金涂塔之一，现收藏于福建省博物馆，为国家一级文物。

建筑特征：钱弘俶铜塔为宝箧印经式塔，高0.3米，单层须

图8-1　钱弘俶铜塔

弥座高 0.13 米，底边长 0.08 米，上下枭刻仰覆莲花瓣，束腰雕坐佛。塔身方形，四面圆拱形龛内镂刻着摩诃萨埵舍身饲虎、月光王施宝首、尸毗王割肉贸鸽、快目王舍眼救盲人四个佛本生故事；转角立金翅鸟。塔身上方竖四朵山花蕉叶，浮雕"兜率来仪""太子出游""沙门示现""连河洗浴""牧女献糜""初转法轮"等佛本行故事。正中立七层相轮式塔刹。塔身刻："吴越国王钱弘俶敬造八万四千宝塔 乙卯岁记。"

文化内涵：吴越国曾经占领过福州，钱弘俶铜塔应是那时传入连江的。这座宝箧印经铜塔见证了五代末期，福州地区与吴越国的文化交流状况。

## 2. 宝林寺舍利塔（图 8-2）

位置与年代：宝林寺舍利塔位于连江县丹阳镇东坪村宝林寺的后山，建于北宋庆历四年（1044 年），连江县文物保护单位。

图 8-2 宝林寺舍利塔

图 8-3 宝林寺舍利塔麋鹿造像

图 8-4 宝林寺舍利塔香象造像

图 8-5 宝林寺舍利塔奔马造像

图 8-6 尊宿普同报亲三塔

建筑特征：舍利塔为窣堵婆式空心石塔，高 3 米。基座高 0.1 米，边长 0.9 米。八角形单层须弥座，如意形圭角高 0.27 米，底边长 0.88 米；下枋高 0.135 米，边长 0.81 米；束腰高 0.28 米，边长 0.68 米，壶门宽 0.68 米，刻狮子、麋鹿（图 8-3）、香象（图 8-4）、奔马（图 8-5）、花卉等图案。狮子虽小，但形态颇为有趣，其中，有一只狮子坐在地上张嘴观望，双目炯炯有神。此外，还有一只威风凛凛的雄狮子在奔跑嬉闹。束腰转角施三段式竹节柱。上枭高 0.07 米，刻仰莲花瓣；上枋高 0.06 米，边长 0.71 米。须弥座上设石座，高 0.1 米，边长 0.63 米。钟鼓形塔身高 1.21 米，正面辟高 0.63 米、宽 0.53 米的佛龛，采用火焰顶石门。

文化内涵：宝林寺舍利塔是寺庙高僧的墓塔。宝林寺曾是连江规模最大的古寺，建于唐大中六年（852 年），鼎盛时有千名僧人。清康熙三十八年（1699 年），皇帝御书"敕赐大中宝林禅寺"。如今，大雄宝殿前还保存着许多唐代瑞兽和花卉的浮雕。

### 3. 尊宿普同报亲三塔（图 8-6）

位置与年代：尊宿普同报亲三塔位于连江县丹阳镇东坪村宝林寺附近的山坡上，共有三座，建于北宋庆历四年（1044 年），清代曾重修。

建筑特征：这三座塔从西至东分别是报亲塔、尊宿普同塔和普同塔。三塔均为窣堵婆式石塔，坐北朝南，单层须弥座，塔足为如意形圭角，八边形束腰浮雕花卉、瑞兽等。塔身呈钟形，寰形整石封盖。其中，报亲塔高约 1.04 米，塔身正面辟塔门，上刻"北宋庆历四年 创安禅师造尊宿塔 坐亥向巳 清康熙十年主持隆悟修"。尊宿普同塔高约 1.8 米，塔身正面辟塔门，上刻"本山坐壬向丙 尊宿普同塔 大清乙未重修"。普同塔高约 1.65米，塔身正面辟塔门，上刻"本山坐壬向丙 普同塔 大清乙未重修"。

文化内涵：三塔均是宝林寺僧人及其父母的墓塔。从塔上的铭文可以了解宝林寺的发展轨迹。

## 4. 护国天王寺塔（图 8-7）

位置与年代：护国天王寺塔俗称仙塔，又名瑞光塔、无尾塔，位于连江县凤城镇仙塔街，坐南朝北。建于北宋时期，现为福建省文物保护单位。

建筑特征：护国天王寺塔为楼阁式花岗岩空心石塔，共两层，高 9.2 米。平面为正八边形，每一边立面对地基的压力均衡。塔基为单层须弥座，高 1.2米，下枋边长 3.15 米，上枋高 0.29 米，边长 3.05 米，束腰高 0.56 米，宽2.9 米，布满雕刻。这种大型须弥座具有结实、美观的厚重感和节奏感，使天王寺塔更加挺拔，艺术审美效果更为突出。第一层塔身南面开一门，二层开两门，其余各面凿佛龛。一、二层塔身转角立八根瓜楞柱，塔壁采用石条平砌与丁字交错。双层混肚形叠涩出檐（图 8-8），斗拱承托，出檐短而灵巧，塔檐中间平直，但檐角做翘起的挑角，檐口仿刻瓦垄、瓦当与滴水。塔柱头为鼓形栌斗，栌斗上出一下昂，昂上再设一斗，斗上再出下昂，为五铺作双下昂，起着连拱榫接的作用。一层补间撩檐枋正中间施一短小的华拱承托塔檐。可见，天王寺塔的塔檐已具备明显的木构化特征。塔心室为福州地区常见的穿塔绕平座式结构，登塔时由塔门进入，从第一层到第二层，先需登数级台阶进入塔心室中心，然后左拐 90 度弯，再登数级台阶，方才登到上一层平座。如要再上一层，需环绕塔半周，才能进入通往上一层的塔门。天王寺塔的整体造型稳健圆浑，既有南方塔灵巧秀丽的风格，又具北方塔厚重敦实的特征。

雕刻艺术：护国天王寺塔素以精美的雕刻而闻名于世。须弥座下枭

图 8-7　护国天王寺塔

图 8-8　护国天王寺塔塔檐

图8-9 护国天王寺塔双狮戏球造像

图8-10 护国天王寺塔天马造像

图8-11 护国天王寺塔麒麟造像

嵌刻连续海浪纹图案，代表佛教中的九山八海；上枭施三层莲花瓣。束腰的八个面分别雕刻着双狮戏球（图8-9）、天马行空（图8-10）、鹿衔芝草、麒麟奔跑（图8-11）等浮雕，转角处还刻有形态各异、壮实敏捷的侏儒力士（图8-12、8-13）。第一层塔身的佛龛下方雕有祥云仙鹤、双凤朝阳、缠枝花卉等图案；佛龛上方雕并列的五尊结跏趺坐佛像。第二层塔身的雕刻也很精彩，塔门槛边镶嵌着两尊高1.85米、身披盔甲的石雕神将。一层檐下雕龙首昂，凶悍欲冲，咄咄逼人。二层塔门的门槛分别阴刻楷书"大方广佛华严经""大乘妙法莲华经"。天王寺塔的雕刻生动传神，传递着宗教精神的庄严感和世俗生活的活泼气息，充分体现了古代工匠们高超的艺术想象力和工艺水平，有着极强的艺术感染力。

文化内涵：这里原为竹林院的旧址，因唐武宗抵制

图 8-12　护国天王寺塔侏儒力士造像

图 8-13　护国天王寺塔侏儒力士造像

佛教，寺被毁。宣宗继位后，重新振兴佛教，竹林院改名护国天皇院。唐咸通年间，皇帝御赐寺为护国天王寺。明嘉靖年间，寺庙被毁。因塔的年代久远，又缺乏历史文献记载，是当初只建两层，还是因战乱被毁后，仅残存两层，目前尚无定论。护国天王寺塔为何又称"无尾塔"呢？据民间传说，古时在连江的玉泉山上，有一犀牛修炼成精后下山四处肆虐，大家便寻访和尚道士作法驱妖。但犀牛精法力较高，和尚道士无力战胜它。临水夫人陈靖姑路过这里时，见百姓受苦，发慈悲心，用神力将仙塔的塔刹移到玉泉山上，把犀牛精压在塔刹里，后来变化为犀牛岩。从此以后，百姓过上幸福生活。陈靖姑飘然远去，而仙塔则成了无顶之塔。

年代考证：据《连江县志》载："护国天王寺在县西铺仙塔街，唐大中三年建，有塔二层，石刻宝相精致。"很多学者便据此推断，此塔应与护国天王寺同时建于唐大中三年（849 年）。不过，也有学者对此观点提出质疑。所以，学术界对天王寺塔的建造年代至今尚无定论。笔者经过实地考察后发现，天王寺塔并不具有唐代古塔的特点，更像是北宋时期的建筑物。其理由主要有以下几点：

第一，天王寺塔为正八边形，而唐塔绝大多数为四边形。护国天王寺塔的平面为正八边形，每一边立面对地基的压力均衡，在遇到地震时，受力面积较大，能平均分散震波，比四边形塔更不易遭损坏。而且八边形塔外壁的角度较为缓平，易削弱来自任何方向的风力，便于抗御强风。把天王寺塔建成八边形，利于防风抗震，从而增强塔整体结构的稳定性。但是，从我国古塔造型演变的历史来看，唐代极少出现这种大型的八边形楼阁式空心塔。我国唐塔的平面几乎都是四边形，梁思成先生甚至认为，"唐代佛塔平面一律均为正方形"。据专家考证，我国唐塔的78%都为四边形塔，八边形塔只占12%，而且这少量的八边形唐塔中仅有几座为楼阁式塔，至于八边形楼阁式空心塔，那就更少了。西安是唐代都城，西安古塔必然代表唐塔的最高水平，但西安保留至今的唐代楼阁式古塔几乎全为四边形，如建于唐长安年间（701—704年）的大雁塔，建于唐大和二年（882年）的玄奘塔，建于唐中后期的杜顺塔、基师塔、圣寿寺塔、开元寺塔、仙游寺舍利塔、慧彻寺塔等。我国直到唐末、五代时期，因造塔技术不断成熟，塔的平面才从四边形逐渐过渡到八边形。福建古塔传承自北方地区，唐末之前，北方以四边形古塔为主流，而远离中原文化的连江县，建造八边形楼阁式空心石塔的可能性极小。因此，笔者推断，正八边形的天王寺塔不大可能建于唐代。

第二，天王寺塔塔基为高大的须弥座，而唐塔塔基多低矮或无基座。护国天王寺塔塔基为单层须弥座，这种宽大的须弥座主要有三大优点：①使塔身更加稳固。由于天王寺塔为大型石塔，需设立高大稳固的须弥座，使得塔体重心在下，塔身坚如磐石。②增加塔的高度。天王寺高1.2米的须弥座可增加塔的整体高度，使塔更具有气势。③使塔的整体造型更加美观。大型须弥座具有结实、美观的厚重感和节奏感。总之，须弥座使天王寺塔更加挺拔，艺术审美效果更加突出。天王寺塔的须弥座塔基具有较为成熟的建筑设计水平，而唐塔中并没有相同结构且具有较高艺术性的须弥座。统观我国古塔的演变历程，唐塔塔基多低矮简陋，有的甚至不设基座，塔身直接立于地面。如建于唐景龙年间（707—710年）的西安小雁塔，尽管高达43.4米，但其基座仅为简单的砖砌方台；建于唐代的北京云居寺石塔，塔基矮小，只由两层石板相叠而成；建于唐先天二年（713年）的河北涞水镇江塔，通高14米，也没有设塔基。此外，唐塔塔基不但低矮简陋，且几乎没有雕刻。直到晚唐及北宋初期，中原地区才出现在须弥座束腰的上下方雕刻仰覆莲的须弥座样式，而这种造型的须弥座再通过移民潮传入连江，只能是北宋以后的事了。所以，从天王寺塔高大美观的须弥座可以推断，此塔应建于唐代之后。

第三，天王寺塔塔檐灵巧，而唐塔塔檐平整。护国天王寺塔为仿木构楼阁式建筑，双层叠涩出檐，斗拱承托，出檐短而灵巧，塔檐中间平直，但出檐做成翘起的挑角。可见，天王寺塔塔檐已具备明显的木构化特征，但这种构造却极少出现在唐塔上。唐塔塔檐的造型都比较平整，如建于唐代的善导塔、杜顺塔和圣寿寺塔，均为七层楼阁式空心砖塔，塔檐平直，具有唐中后期佛塔的风格特征。总之，唐塔塔檐均为水平线，在视觉上较为呆板。天王寺塔在塔檐下砌刻倚柱、梁枋、斗拱等，其塔壁倚柱顶端设置圆形栌斗，栌斗上出两支龙首斜昂，以承接塔檐的翘角，两斜昂之间再设一方形栌斗，一圆一方两种栌斗构成优美的节奏感。天王寺塔塔檐补间又施斗拱一朵，为出一跳华拱。唐代古塔虽然已有斗拱，但几乎都为砖砌拱，没有出现与天王寺塔类似的斗拱构件。因此，拥有灵巧塔檐和龙首斜昂的天王寺塔，应不是唐代古塔。

第四，天王寺塔雕刻多姿多彩，而唐塔雕刻简洁朴素。前文已经描述过护国天王寺塔的精彩雕刻，而唐塔中却极少出现如此多姿多彩的雕刻作品。唐塔几乎都较为简洁明快，如西安小雁塔的塔身无柱、枋、斗拱、雕刻等装饰，显得朴素大方。而玄奘塔、杜顺塔、二龙塔等，均少有雕刻。另外，天王寺塔每一层转角石柱为"瓜楞柱"，在唐塔中没有出现过这种柱子。唐代古塔具有较为纯正的佛教内涵与精神，其少量的雕刻也充分体现了浓厚的佛教义理，而从宋代开始，随着佛教的逐渐中国化和世俗化，以及佛教与中国传统儒学与道教学说的融合，佛塔也由单纯的佛教建筑，逐步演变成集儒、释、道以及民间传统思想观念于一身的综合性建筑了。天王寺塔上出现的天马、麋鹿、麒麟、仙鹤等民间瑞兽形象，正是佛塔世俗化的突出体现。所以，雕饰精美又充满世俗情趣的护国天王寺塔应不是唐代建筑。

第五，天王寺塔的塔心室为穿心绕平座式结构（图8-14），而唐塔多为空筒式结构。据古塔研究专家张驭寰考证，这种"穿心绕平座式"结

图8-14 护国天王寺塔塔心室

构是宋代楼阁式塔的内部结构特征之一。唐代空心塔的内部几乎都为厚壁空筒式结构，上下相互贯通，如大雁塔塔内为"空筒式"方形塔室，内有木梯可盘旋拾级而上。因此，"穿心绕平座式"结构的护国天王寺塔不可能是唐代古塔。

综上所述，护国天王寺塔从建筑构造到雕刻艺术，都不具有唐塔的特点，而是比唐塔更加成熟。与唐塔质朴简素的风格相比较，宋塔的造型更秀气，装饰更华丽，而且出现大量的八边形楼阁式塔，塔身挺拔有力，雕刻丰富，塔檐出现翘起的曲线，整体造型显得既轻盈灵巧，又具有飞动感。综合来看，天王寺塔的建筑构造、雕刻艺术就十分符合宋塔的特征。

如今，护国天王寺塔不但有许多构件已经松动，且淹没于破旧的民居之中，离最近的建筑物仅有数米，周边环境极差，笔者希望有关部门能及时加以修复与保护。

## 5. 宝华晴岚塔（图8-15）

位置与年代：宝华晴岚塔位于连江县凤城镇宝华山中岩寺的后山，建于宋代。

建筑特征：宝华晴岚塔为平面八角楼阁式花岗岩实心塔，只剩两层，高2.9米。单层八角形须弥座（图8-16），底边长0.8米，圭角为如意形，双层下枋，上下枭刻仰覆莲花瓣。束腰每面雕狮子戏球，转角立双膝跪地的侏儒力士像，高0.22米，宽0.2米，因风化比较严重，已面目模糊。第

图 8-15　宝华晴岚塔

图 8-16　宝华晴岚塔须弥座雕刻

一层塔檐用两块石板拼接而成，飞檐翘角，塔檐向上弯曲，檐角留有挂铃铛的孔眼，檐上施假平座。一、二层塔身佛龛嵌刻结跏趺坐佛像，高约0.15—0.18米。如今，第二层塔身上方不知何时放置一座小型宝箧印经石塔，宝葫芦式塔刹。远远望去，让人误以为此塔是宝箧印经塔。宝华晴岚塔形制虽小，但整体造型古朴精巧。

文化内涵：宝华晴岚塔建于中岩寺后山的一块巨大岩石之上，三面悬崖，地势十分险要，具有镇风水之功用。要想登到塔旁，需借助梯子。站在塔边，东可尽览连江城区全景，西能俯瞰象山和狮山雄姿，南可远眺覆釜石门胜迹，视野极为开阔。

中岩寺坐落于宝华山的山腰处，始建于唐大中元年（859年），是连江现存十大古寺之一，明清曾重修。山坡上的殿堂高低错落，层次分明。

## 6. 普光塔（图8-17）

位置与年代： 普光塔位于连江县东岱镇山堂村云居山云居寺后山的山巅，又称望夫塔、云居塔，建于元至正十年（1350年）。现为福建省文物保护单位。

建筑特征： 普光塔为八角二层楼阁式空心花岗岩塔，高12米。塔基比较简陋，为台阶式塔座，垒砌得参差不齐。第一层塔身开4门，正门朝西，

图8-17 普光塔

图 8-18　普光塔塔檐

图 8-19　普光塔塔心室

图 8-20　普光塔武士造像

图 8-21　普光塔武士造像

图 8-22　普光塔牌匾

其余四面辟方形券龛。通往4个塔门的地方分别设有石台阶。转角立瓜楞柱，柱头为方形栌斗。一层塔檐为双层混肚石叠涩出檐（图8-18），上方再设撩檐枋承托塔檐。转角斗拱为六铺作双抄单下昂，下昂上方再设仔角梁托住檐角。补间斗拱为六铺作双抄，上方安置一个耍头。塔檐仿木构屋檐，刻出瓦当、瓦垄、滴水线等，设垂脊，垂脊前部高高翘起，原有安置垂兽，但已损坏。套兽檐口曲线形，两端飞翘。塔檐下以石材模仿的木椽条十分逼真。二层塔檐已毁，只剩下双层混肚石出跳，塔身转角立瓜楞柱，柱头栌斗上的斗拱为六铺作两抄单下昂，补间斗拱四铺作单抄。一层塔檐上方设平座，栏杆已毁。塔心室（图8-19）为塔心柱式结构，正中间立有塔轴（即塔心柱），塔心柱上开佛龛，在塔心柱与塔壁之间设盘旋而上的石阶梯和横梁，梁下两端施四铺作偷心造。普光塔的塔心柱式结构与泉州东西塔和石狮六胜塔的有所不同，其塔壁、石阶、塔心柱紧密连接，形成一个整体。普光塔曾遭雷击，1990年，当地政府对普光塔进行修缮时，安装了避雷设施。当地居民说，普光塔原有七层，不知何时被毁坏，如今只剩两层。

雕刻艺术：普光塔第一层四面塔壁佛龛内的武士（图8-20、8-21）均身着元代风格的服饰，形象极为传神。有的武士手持长戟横在胸前，有的武士双手托一尊宝箧印经塔，有的武士两手按住剑柄。一层四扇塔门上的半圆形匾额分别镌刻"寂照""光明""无碍""融圆"，表达深奥的佛教思想。二层石门上方嵌有青石匾额，匾额两边外形为波浪纹，下方四个小方格，但图案已风化，正中间刻"普光塔"三字（图8-22），上方雕双龙戏珠，两边两行落款小字，上款为"大元至正十年庚寅浴佛节募缘，比丘云丰、福荣立"，下款为"永贵里东岱信女传云、清河里陈妙容共财造"。能如此明确地标明建造年代、建造者以及捐助人姓名的塔，在福建现存古塔中还比较少见。二层平座下方刻宽大饱满的仰莲瓣。塔心室内承托楼板的横梁雕有卷草纹饰。

文化内涵：传说，古时候，云居山住有一对年轻夫妇，丈夫出海谋生，一去多年不回，妻子盼望夫君早日平安归来，于是登云居山垒石筑塔眺望帆影，但始终不见亲人归来。因此，普光塔又称作望夫塔，具有为夫祈福之作用。

云居山作为连江四大名山之一，位于闽江口北岸，是东岱镇最高的山峰，素有"天上云居，人间仙境"的美称。这里是海上观日出的绝好地点，"云

图 8-23　含光塔

居观日"由此成为"敖江十二景"之一。如今，站在塔上极目远望，东望无边无际的大海，西看蜿蜒曲折的敖江，南望闽江北口与粗芦、川石等闽江口诸岛，北眺黄岐半岛。过去，普光塔还是一座航标塔，船舶来到敖江口时，首先映入眼帘的就是高高的普光塔。

## 7. 含光塔（图8-23）

位置与年代：含光塔位于连江县鳌江镇斗门村的斗门山上，建于明万历十六年（1588年）。现为福建省文物保护单位。

建筑特征：含光塔为平面八角七层楼阁式空心砖石混合塔，高26.67米。塔座为素面单层须弥座，但比较矮，高度只有0.35米，每边长2.95米，束腰高0.15米，转角刻如意形塔足。第一层塔身高4米，往上逐层收分。在一层塔身的八个转角最下端和塔足之间，还设一梯形石板，内窄外宽，用以稳固塔身。第一层塔门长方形，高1.88米，宽0.68米，两边还各设一方形佛龛，高1.1米，宽0.51米。一层其他各面的拱形佛龛高0.86米，底边宽0.6米。每层塔身开一门，其余各面辟拱形佛龛。七层塔檐下竖一石牌匾，上刻"含光塔"三字，上款"大明万历十六年"，下款"孟春吉旦募缘造"。每一层塔身外还有一些方形小洞，是塔建成后，拆除脚手架后所留下的孔洞。每层塔檐檐口曲线形，以三层菱角牙子与四层平砖相互交错叠涩出檐，转角出石制横拱承托檐角（图8-24）。八角攒尖收顶，宝葫芦式塔刹。塔心室（图8-25）的构造与普光塔相同，也是塔心柱式，正中间立一根粗大

图8-24　含光塔塔檐

图8-25　含光塔塔心室

的砖柱直达第六层，第七层有一个塔心室。塔心柱面对塔门的位置辟一佛龛，塔心柱与塔壁之间建三角形花岗岩石阶从左盘旋而上，塔心柱、石阶、塔壁三者紧密地连接在一起，确保了塔的牢固性。

1986 年，连江县建设局对含光塔进行勘测后发现，塔身向东南方倾斜1 度 20 分，塔刹偏离中心 0.56 米，有倒塌的危险，于 1987 年对其进行了全方位的修复。修复项目包括：用混凝土加固塔身东南向的基座，更换塔檐翘角，嵌补塔身裂缝，以水泥粉刷塔的外壁，塔顶加浇 0.1 米厚的钢筋混凝土防水层，加高葫芦形塔刹，等等。

文化内涵：含光塔作为连江县的标志，耸立于县城东面 3 公里外的斗门山巅，正好处于敖江拐弯处，是连江县城的出水口，江水从斗门山下缓缓流过。含光塔既是镇邪祈福之塔，又是敖江的航标塔。塔下有含光寺，寺门上的楹联为"橹声过寺潮初上，塔影横江月正来"，描绘了含光塔、含光寺和敖江的迷人景色。

图 8-26　最愚旺禅师海会塔

## 8. 最愚旺禅师海会塔
（图 8-26）

位置与年代：最愚旺禅师海会塔立于连江县东岱镇云居山云居寺旁最愚旺禅师的墓顶，建于明代。

建筑特征：最愚旺禅师海会塔为平面六角二层楼阁式实心石塔，高约 1.3 米，风格简朴，结构简单。第一层塔身素面无雕刻，第二层塔身每面分别刻"南无宝胜如来""南无妙色身如来""南无多宝如来""南无阿弥陀佛""南无甘露王如来"等

图 8-27 妙真净明塔

诸佛名号。六角攒尖收顶，塔檐高翘，宝葫芦式塔刹。塔前一块石碑上刻"最愚旺禅师海会塔"。

文化内涵：最愚旺禅师是云居寺的高僧，精通佛法。名字中有"愚"字，说明他外表看似愚钝，实则内心已明心见性，了无挂碍。

## 9. 妙真净明塔（图 8-27）

位置与年代：妙真净明塔位于连江县东岱镇云居山云居寺前的一块岩石之上，建于明代。

建筑特征：妙真净明塔为平面四角单层亭阁式花岗岩石塔，高约 2.7 米，结构简洁大方。方形塔基直接建在岩石上，往上是圭角层，单层须弥座束腰素面无雕刻，转角施三段式竹节柱，塔身四面刻"妙真净明"四字。四角攒尖收顶，塔檐翘起。塔刹的宝盖呈六角形，檐口高翘，宝珠式塔顶。

文化内涵：妙真净明塔的塔名蕴含着深邃的佛教内涵。其中，"妙"字在佛教中有"不可思议"之义，如《法华玄义》曰："妙者，褒美不可思议之法也。"《法华游意》曰："妙，是精微深远之称。"《大日经疏》曰："妙，名更无等比，更无过上义。"由于佛法是妙不可言的，凡夫无法体会其深意，唯有佛才能透彻了解。"真"就是指空性与智悲，也即众生的真如本性。"净"是指心性清净，一尘无染，对万事万物已看空。"明"是指明白了自己真正的本心，见到了自己的本性即是佛性，对宇宙万物已然明明白白。因此，妙真净明塔通过塔名传达了佛教的思想与义理。

## 10. 东莒灯塔（图8-28）

位置与年代：东莒灯塔位于马祖列岛最南端的东莒岛东北角，又名东犬灯塔，由英国伯明翰强斯兄弟灯塔工程建造有限公司建造于清同治十一年（1872年）。

建筑特征：东莒灯塔为平面圆形空心石塔，高19.5米，由塔身、塔灯、塔顶组成。塔身共有三层，向上逐层收缩，全部以花岗石层层垒砌而成。塔身采用拱式塔门，并开设方形窗。圆筒式塔心室内设有螺旋石梯。塔顶分为上下两段，采用铸铁建造，上段采用透明玻璃罩，内安装有旋转塔灯；下段为封闭工作层。

文化内涵：因战争的失败，清政府与英法等国签订的《南京条约》《天津条约》《中英通商章程善后条约》里均明确规定，需在相关航线建导航设施，为洋船指明航向与方位，于是就在东莒岛修建了东莒灯塔。

## 11. 东引灯塔（图8-29）

位置与年代：东引灯塔位于马祖列岛最东端的东引岛东坡的一方突出的岬角上，又称东涌灯塔。由法国巴比埃博纳及杜韩公司始建于清光绪

图 8-28　东莒灯塔

图 8-29　东引灯塔

二十八年（1902年），两年后建成。

建筑特征：东引灯塔为平面圆形空心红砖塔，高14.2米，由塔身、塔灯、塔顶组成。塔身二层，开长方形塔门。二层设有平座，围以铁栏杆。穹隆式搭顶上方加筒形小灯笼，再以黑漆涂之。塔顶上安装有风标及避雷针，天花上有风向盘。

文化内涵：清道光二十二年（1842年）鸦片战争后，位于闽江口的福州被指定为五大通商口岸之一。由于闽江口的岛屿星罗棋布，地貌形态复杂多样，往来船只不易辨识，于是外国人便主持兴建了东莒灯塔和东引灯塔。因此，这两座灯塔记载着我国近百年来所受的屈辱与辛酸。

图8-30　定海焚纸塔

## 12. 定海焚纸塔（图8-30）

位置与年代：定海焚纸塔位于连江县定海古城，建于民国。

建筑特征：定海焚纸塔为平面六角三层楼阁式空心砖塔，高5.1米。除二、三层塔身正面分别辟拱形与长方形门洞，其余塔身各面当间辟长方形浅龛。层间以平砖上下叠涩出檐。六角攒尖收顶，雕瓦当与滴水，檐角高翘。塔顶覆钵形，宝葫芦式塔刹。整座塔以红砖砌成，塔身券龛涂白灰。

文化内涵："敬惜字纸"是我国传统文化中的一种美德，反映了古人敬重文化的思想。古人出于对字纸的尊敬和爱惜，常常建塔焚烧。

## 13. 林森藏骨塔（图8-31）

位置与年代：林森藏骨塔位于连江县琯头镇青芝山鳌湖畔，俗称林森塔，建于民国十五年（1926年）。现为福建省文物保护单位。

建筑特征：林森藏骨塔为平面四角单层亭阁式石塔，高7.43米，以长方形青石筑砌而成。塔基为逐层收分的四级台阶，单层方形须弥座转角雕豹头柱，霸气十足，束腰刻太极、蝙蝠等图案。塔身下的台基雕刻鱼鼓、宝剑、阴阳板等暗八仙图案以及书卷、花瓶、花卉等图案。塔身正面刻着胡汉民亲自题写的"参议院长林森藏骨塔"，上款刻"中华民国十五年"，下款刻"建于闽侯百洞山之阳"，侧面雕飞凤衔书图。在古人的观念里，飞凤衔书是文运昌盛、金榜题名的象征。塔身的四个转角立圆形磨光石柱，柱前圆雕骑象、笑狮、伏虎、降龙四罗汉（**图8-32**）。其中，骑象罗汉

图8-31　林森藏骨塔

图8-32　林森藏骨塔罗汉造像

图8-33　林森藏骨塔塔刹

是迦理迦本，出家前是一名驯象师，经刻苦修行，终成正果；笑狮罗汉是伐阇罗弗多罗，据说他身体健壮，仪容庄严，常终日静坐修道；伏虎罗汉是弥勒尊者，传说他曾降服过猛虎；降龙罗汉是迦叶尊者，传说他曾制服龙王，取回佛经。柱头为古罗马式，每面浮雕苍鹰、飞蝉、狐鼠、缠枝花卉等图案。塔上方设双层塔檐，第二层比第一层更宽大，具有古罗马建筑的特征。塔顶以四童子承托仰覆莲花瓣，宝葫芦式塔刹被四方火焰环绕（图8-33）。林森藏骨塔作为中西合璧的建筑物，既富含传统古塔的底蕴，又借鉴吸收了西方建筑的风格，从而体现了民国时期，福州地区的建筑特色。

林森藏骨塔本是由福州著名石匠蒋元臣精心建造的，可惜的是，原塔于"文革"期间被破坏。1980年，政府拨款重建时，原塔石材占到了60%，新旧材料融合得相当完美。林森藏骨塔四周砌有短垣，正面设铁栅门，形成一个陵园。

文化内涵：林森（1867—1943），福建闽侯人，原名林天波，字长仁，号子超，别署百洞山人、虎洞老樵等，一生信奉佛教。他早年参加中国同盟会，辛亥革命后，先后任南京临时参议院议长、国会非常会议副议长、福建省省长，1932年任国民政府主席，1943年去世后葬于重庆。林森生前曾住读于青芝山（又名百洞山），尤其酷爱青芝胜景，除自号青芝老人外，还在生前嘱咐家人，务必在青芝山为其再建一座墓塔。因此，福建的这座林森藏骨塔仅藏有林森的一顶帽子和一件上衣。

# 第九章
# 闽侯县古塔纵览

闽侯县位于闽江下游两岸，因山林较多，故号称"八闽首邑"，佛教兴盛，寺庙众多。目前，共保留有 22 座古塔，其中，楼阁式塔 5 座，窣堵婆式塔 11 座，五轮式塔 1 座，亭阁式塔 2 座，宝箧印经式塔 3 座。

## 1. 义存祖师塔（图 9-1）

位置与年代：义存祖师塔位于闽侯县大湖乡雪峰寺法堂的西面，建于唐天祐四年（907 年），为闽王王审知特意派人到江西瑞迹山采购石材建造的，并赐名难提塔。现为福建省文物保护单位。

建筑特征：义存祖师塔为窣堵婆式石塔，高 4.1 米，单层须弥座，底边直径 2.9 米。覆钟形塔身以矩形花岗岩垒成，塔壁浮雕直径约 0.1 米的卵形乳钉，共有 200 余颗，类似古代的青铜器。福建其他窣堵婆塔的塔身外表都很光滑，唯独此塔有凸出的卵形乳钉。据说，这座石塔是依据义存祖师圆寂前一年所绘的塔样而建的。塔上刻有铭文与序，均为义存祖师亲自撰写，共计 225 字。石塔原位于室外，后来新建了一座八角亭以保护之。

文化内涵：义存（822—908 年）是我国佛教史上的著名禅师，泉州南安人，俗姓曾。少年出家，因通晓禅理，唐僖宗赐名"真觉大师"，于咸通年间（860—873 年）创建雪峰寺，为王审知所敬重，有《雪峰语录》《雪

图 9-1 义存祖师塔

峰清规》等著作传世。因其对禅宗的巨大贡献，禅宗史上有"北有赵州，南有雪峰"之说。

## 2. 镇国宝塔（图 9-2）

位置与年代：镇国宝塔位于闽侯县上街镇侯官村的闽江边上，又名护镇塔，始建于唐武德年间（618—626 年），五代闽国时期曾重建，是侯官古镇和码头的标志。现为福建省文物保护单位。

建筑特征：镇国宝塔为四角七层楼阁式花岗岩实心塔，高 6.8 米。四方形单层须弥座（图 9-3、9-4），塔足刻成如意形，边长 1.8 米，上下枭雕仰覆莲花瓣，束腰刻团窠花卉，四转角立侏儒力士。塔身每层各面辟欢门式佛龛，内雕结跏趺坐佛像。层间单层叠涩出檐，檐口平直，檐角翘起，塔檐刻瓦当、瓦垄和滴水。塔檐上方施假平座。每层塔身转角的柱头上隐约可见

图 9-2　镇国宝塔

图 9-3　镇国宝塔须弥座

图 9-4　镇国宝塔须弥座

雕有斗拱造型。第一层东面阴刻"镇国宝塔"四字楷书。第四层北面阴刻"皇帝万岁"。塔刹比较特别,下半部分为相轮式,上方立四边形向上翘起的塔盖,塔盖顶部再立一个宝葫芦。1984年,当地文物部门对塔进行维修,并在塔周围增设了石栏杆。修复过程中,从地宫中挖掘出五代闽国时期的开元通宝、铜镜、青釉罐、玛瑙珠等文物,现保存在闽侯县博物馆。

文化内涵: 镇国宝塔正面对着东流而来的闽江,闽江在经过侯官村后随即分成闽江北港和闽江南港(又称乌龙江),镇国宝塔正好位于闽江即将分流之处。唐代时,因这里水灾频繁,当地官员便在僧人的建议下,在此处建塔以镇水妖。如今,镇国宝塔四周有10余棵百年榕树,有关部门正在规划将镇国宝塔及其周边的景物、古渡口等加以整合,建成一座古塔公园。

### 3. 枕峰桥塔(图9-5)

位置与年代: 枕峰桥塔位于闽侯县祥谦镇枕峰村村口的桥头,建于南宋绍兴年间(1131—1162年)。

建筑特征: 枕峰桥塔为平面四角四层楼阁式实心石塔,高约4.8米。枕峰桥塔只有第三层塔身是原物,其余皆是近年新建的。三层的四方形塔身每面浮雕坐佛,坐佛

图9-5 枕峰桥塔

图9-6 枕峰桥塔佛菩萨造像

两旁分别为菩萨像、罗汉像（图9-6）。其中，一尊坐佛的上方还雕有一头戴官帽的官员，只见他正虔诚地跪在观世音菩萨前，而菩萨右手握着柳枝，菩萨身后还有一位手拿净瓶的童子。塔身还刻有南宋绍兴年间纪年和捐款者的姓名。

文化内涵：枕峰桥塔是一座桥头塔，故有镇水妖、保行人安全的功能。塔上出现官员的形象，说明曾有地方官参与建塔。

## 4. 石松寺舍利塔（图9-7）

位置与年代：石松寺舍利塔位于闽侯县南屿镇中溪村石松寺右侧的山坡上，建于南宋绍兴年间（1131—1162年）。现为闽侯县文物保护单位。

图9-7　石松寺舍利塔

建筑特征：石松寺舍利塔为窣堵婆式石塔，高0.85米，基座底边长0.64米。单层八边形须弥座，塔足雕如意形圭角，高0.25米，边长0.63米；下枋高0.13米，边长0.56米；下枭边长0.49米；束腰高0.21米，壶门宽0.33米，每面雕海棠形开光，转角施三段式竹节柱；上枋边长0.52米。钟形塔身高约0.93米，直径约0.8米，正面辟高0.41米、宽0.3米的券拱形佛龛。塔顶以寰形整石封盖。石塔前面下方有一石室，石壁上有宋代篆刻"行禅勤宴坐宴坐健行禅 坐禅室 禅宴无余事饥食困即眠""住山老祖天石 绍兴二十六年立"。由此推断，这里曾经是高僧坐禅的地方。

文化内涵：石松寺的石塔内藏匿有僧人舍利。石松寺原名石嵩，始建于宋大中祥符三年（1010年）。绍兴十年（1140年），因寺僧天石于寺旁

图 9-8 陶江石塔

种植龙爪松长成，故易寺名为"石松寺"。寺庙坐北朝南，至今仍然保留着明代建造的大雄宝殿。

## 5. 陶江石塔（图9-8）

位置与年代：陶江石塔位于闽侯县尚干镇镇中心的塔林山上，又称雁塔、庵塔，建于南宋时期，以灵巧的造型与精美的雕刻独具魅力。现为福建省文物保护单位。

建筑特征：陶江石塔为楼阁式花岗岩实心塔，平面为正八边形，共七层，通高九米，由基座、塔身、塔盖和塔刹组成。塔檐层层飞展，宝顶直插云霄，外形仿木建筑结构，逐层略有收分，整体造型挺拔，清秀剔透，古朴典雅，如少女般亭亭玉立，堪称福建楼阁式实心石塔的典范。塔基由一大一小两层须弥座重叠而成，第一层须弥座高1.08米，自下而上由圭角、下枋、下枭、束腰、上枭、上枋等组成，底部八个边角用剔地法雕饰蝙蝠形琴角式底足，边长0.45米，高0.15米，两足之间为1.20米，上面叠涩两层下枋，每层高0.13米，压地有飞天和卷草图案，上下施皮条线，下枭刻重瓣覆莲，上枭雕仰莲，束腰浮雕狮子与花卉。第二层须弥座向内收分，高0.77米，由下枋、下枭、束腰和上枭组成，下枋边长0.84米，高0.14米，下枭为覆莲，上枭为三层仰莲，束腰浮雕龙与凤凰。双层须弥座（图9-9）主要起了三个方面的作用：①稳固塔身。由于陶江塔是塔身较为细长的实心石塔，如果只做一层须弥座，塔身就不够稳定，双层须弥座使塔体重心在下，可坚固塔身。②增高塔身。陶江塔是小型塔，周长有限，因此影响到塔的高度，作两层须弥座，可以增高塔身。③视觉上的美观作用。双层须弥座稳重大方，具有优美的节奏感。总之，双层须弥座使陶江石塔更加挺拔高大，增强了艺术效果。八边形塔身的边缘线曲折柔婉，每一边的立面对地基的压力较为平均，利于抗震。而且正八边形的平面内角为120度，地震时受力面积大，能够平均分散震波，比四边形结构要牢固很多，且八边形塔外壁的角度较为缓平，能削弱来自任何一个方向的风力，便于抗御强风。因闽侯位于地震带，而且为沿海城市，每年几乎都会有强台风侵袭，把陶江石塔建成八边形，利于防震抗风，保

图9-10 陶江石塔塔檐

图9-9 陶江石塔双层须弥座

证塔的整体稳固性。塔身层层收分，把各层的重量逐层传到下一层，从而稳固塔的重心。塔身第一层高0.8米，二至七层塔身高度逐层递减，转角处施瓜楞柱，每层塔壁均有八个四方形浅佛龛，内分别雕八组佛菩萨造像。福州地区许多楼阁式古塔均较修长，体现了闽都地区的地理结构特征及其相应的审美取向。陶江石塔外观为仿木构，因受石材限制的缘故，比木结构建筑有所简化。石塔没有斗拱，出檐刻双层混肚石（**图9-10**），腰檐伸出较长，转角还做翘起的挑角，美观大方，其中第一层腰檐伸出0.55米，塔檐翘起，呈优美的曲线状，比例和谐，与塔身的直线形成对比，具有一定的节奏美。腰檐上刻出檐子、椽子、瓦顶、挑角，每个檐面刻筒瓦7垄，每垄筒瓦正面刻有"井"字形图案，工艺严谨，结构规整。

陶江塔全部以花岗岩砌成，因体量不大，所以从外观上就可观察出建造石塔时石板的垒砌情况。石塔底层圭角为8块岩石，第一层须弥座下枋每层8块，两层下枋共16块；束腰有4块岩石；上下枭各4块，共8块。第二层须弥座束腰仍是4块；上下枭各2块，共4块岩石。由于塔身逐层收分，二层须弥座的周长小于一层须弥座，如果上枋、下枭也用 4 块岩石，结构就会松散，而用 2 块岩石，有利于加强塔体的稳固性。由此可知，须弥座以下共 44 块岩石，加上塔最底部的 8 块，双层须弥座共有 52 块石板。塔身从第一层开始逐渐收分，因此用石也较少。一至七层用石的数量与结构完全相同，每层塔身 2 块石，塔身下的小台座 2 块，共 4 块，加上塔檐 2 块，7 层共 42 块岩石。塔身的 42 块石板加上须弥座的 52 块石板，不包括塔刹，整座塔用石板共 94 块。这 94 块石构件都是事先雕好后，再一块块相互交错叠砌上去的，这样可避免上下石板的裂缝在同一条线上，使每块岩石互相错位，形成反向拉力。这种建筑方式可使塔身的应力均衡，防止塔身纵向裂开，有助于提高石塔的抗风抗震能力，确保塔体的坚固持久。福建许多楼阁式实心石塔均采用这样的建造方式，如福州的镇国宝塔、金山寺塔，泉州的应庚塔、洛阳桥桥北双塔等，足见闽地工匠对力学原理的熟练运用。

陶江石塔整体外观瘦长、刚直，结构相当稳定，具有南方楼阁式塔秀丽的特征，其施工者不但有着高水平的建造石构建筑的工程技术，而且对石质材料的掌握已相当娴熟，反映了宋代福州地区高超的石作技艺。

雕刻艺术：陶江石塔自下而上布满了 130 余幅造型生动的雕刻（图9-11），虽然有些已经风化，仍十分精彩。石塔须弥座的雕刻最多，这也是我国大多数古塔的共同特征。须弥座第一层下枋从东往西分别是云纹、飞天等 8 幅图案交替排列，云纹的造型基本一致，而飞天图每幅各有两尊，动态相似，只是手势有所区别，图案采用对称式构图，两两相对，共 4 组，脸部基本都正面向外，身着长裙，拖着长长的飘带，衣裙饰带随风飘动，显示出潇洒俊逸的风采，仿佛是穿梭在佛国净土的欢乐鸟。这些飞天神态和悦，举止恬静，展示了人体曲线的完美姿态，使人不禁感叹古代工匠的高超技艺。束腰八面均有雕刻，从东向西分别是双狮戏球、牡丹花卉等八幅相互交替的图案，狮子有四组共八只。每一组中两只彪悍生动的狮子围绕着绣球，并做出抓抢状。束腰的八个转角为八尊侏儒力士，造型矮矮墩墩，挺肚露腹，低着头，耸着肩膀，双手或单手用力撑在大腿上，头部、身躯、四肢雕得圆滚滚的，全身肌肉紧绷。他们的表情各不相同，有的双目圆瞪，有的闭目沉思，有的歪头侧脸，有的嘴唇紧闭，有的龇牙咧嘴，十分滑稽可爱。

图 9-11　陶江石塔须弥座雕刻

图 9-12　陶江石塔双龙抢珠造像

图 9-13　陶江石塔丹凤朝阳造像

图 9-14　陶江石塔将军造像

图 9-15　陶江石塔将军造像

图 9-16　陶江石塔佛菩萨造像

须弥座上枭为仰莲,下枭为覆莲,每边各十六片莲叶,为八大八小,相互穿插,形成一定的节奏美感。第二层须弥座下枋由东往西分别是折枝花卉、云彩等八幅图案,同样是交错排列,花卉和云彩的造型相同。束腰从东往西分别为双龙抢珠(图9-12)、丹凤朝阳(图9-13)等八幅图案,也是相互错开排列的。其中,龙的造型短小粗壮,威风凛凛,身上的鳞片犹如盔甲,令人望而生畏,与福建其他地方的龙造型区别较大。凤凰的造型也是颇为短小,如东北向须弥座上的一对凤凰,一只腾空而起,另一只从天而降,各自围绕着中间一颗宝珠,两只凤凰均表现出很强的动感。束腰八个转角立八尊将军像(图9-14、9-15),均身着武士服装,造型稳重。有的昂首挺胸,盘腿而坐,似乎正屏息运气;有的手持兵器;有的双手平放在腿上;有的双手作揖,等等。他们大都神态威武刚毅,与力士相比,显得更加稳重、威严。二层须弥座上枭每边为三层仰莲,每层八瓣,三层共二十四瓣,八边共有一百九十二瓣莲花,下枭每边仍是八片莲叶。须弥座下枋八面分别雕有云纹图案,每边四朵升起的如意祥云,共三十二朵。双层须弥座雕刻还有一个特点,那就是束腰上的雕刻内容形成一定的对应关系,如第一层须弥座束腰的双狮戏球对应第二层须弥座束腰的双龙抢珠,代表阳性,而第一层须弥座的牡丹花卉,对应第二层须弥座的丹凤朝阳,代表阴性,如此阳对阳、阴对阴,阴阳有序,形成了和谐的关系,体现了造塔者特意借鉴传统儒道文化的设计思路。

第一层塔身每面刻有三尊结跏趺坐的佛菩萨像(图9-16),八面共二十四尊,第二层至第七层,每面均刻有一尊佛像,这些佛像的造型均比较瘦长。每尊佛像盘腿静坐在莲花座上,仿佛已进入禅定状态。

陶江石塔上的雕刻不仅具有深刻的佛教文化内涵,而且还蕴含儒道两家的思想观念;既渗透着佛性的宗教崇拜,还洋溢着世俗人情的诗意光辉。在这里,佛教雕刻的宗教性开始减弱,崇高的佛性与世俗的人性在佛塔雕刻中得到统一,从而使陶江石塔成为既矛盾又和谐的独特建筑。两宋时期,福建地区的佛塔随着佛教的发展,已经逐渐呈现出世俗化特征,陶江塔正体现了这种状况。陶江石塔的雕刻构图丰满,布局合理,尊卑有序,以洗练的手法表现各种形象,强调体积感和重量感,具有勇武奋进的精神,充分体现了古代工匠们高超的艺术想象力和工艺水平，有着极强的艺术感染力。

年代考证：长期以来，学界对陶江石塔的建造年代一直众所纷纭。不少学者根据《三山志》"塔林寺在方山下，陈太建年置"的记载，认定建塔林寺时必然同时建塔；又根据塔上雕刻的人物、瑞兽等造型，推断其是南朝时期的遗物，并进一步推断出始建于太建年间（569—582年），距今已有1400余年的历史了。但是也有部分学者认为，陶江石塔是五代闽国或宋代建造的。笔者通过考察陶江石塔的建筑特征，发现其并不具备南朝建筑的特征，反而具有宋代楼阁式石塔的特征。①陶江石塔平面为正八边形，而南北朝及隋唐古塔多为四边形。②陶江石塔塔基为双层须弥座，而南北朝及隋唐古塔塔基多较低矮或无基座。③陶江石塔塔身修长，塔檐灵巧，而南北朝及隋唐古塔塔身多为曲线形，塔檐较呆板。④陶江石塔的雕刻多姿多彩，而南北朝及隋唐古塔的雕刻多简洁朴素。⑤陶江石塔位于寺院之外，而南北朝及隋唐古塔多位于寺院之中。因此，笔者得出的结论是，陶江石塔是宋代的建筑；而根据塔身成熟的建筑结构和风化程度来看，其应该是南宋时期建造的。既然南朝时此地还没有这座石塔，那为何《三山志》称这里的寺庙为"塔林寺"呢？笔者通过进一步调研和走访文物专家推断出，当年寺庙中曾建有数座和尚的墓塔，因此称为塔林。如果只是一座石塔，不应该称作塔林。所以，《三山志》的记载并没有问题，只是后人误以为塔林就是指这座陶江石塔。综上所述，笔者认为，南朝时，塔林山下有座塔林寺，寺中有若干座墓塔。到了南宋，人们根据福州地区楼阁式石塔的样式，在塔林山顶建陶江石塔作为风水塔。

文化内涵：塔林山因山形浑圆，又被称为珠山，海拔原有121米，是闽侯五虎山百六十峰东面第一峰，《闽县乡土志》载："塔峰山，一名珠峰，或名茶峰，亦名塔林。巅有石塔，为方山百六峰之一，在治南，距福州城六十余里。"南宋时，当地民众鉴于塔林山的山形过于平坦，再加上其又是村庄风水的穴地，为了使尚干"文通武达之盛，瑰奇涵育应昌"之气能够巩固，故建筑此塔，一来可以礼佛，二来可以镇邪、兴文运。因此，陶江石塔既是佛塔，又是风水塔。《闽县乡土志》还载："塔峰周遭有江是也，登塔眺望，气象万千，恍然一幅图画。"遥想当年站在陶江石塔旁，可以东望辽阔的大海，西望雄伟壮观、层峦叠嶂的五虎山，北望宽广的闽江，南望龙江平原和丘陵，而山脚下就是蜿蜒曲折的陶江，构成了一个充满诗意美与和谐美的理想境界。古时候，陶江塔四周风光秀丽，引来许多文人骚客游览攀登并吟诗作文。清代林维雍《塔峰远眺》诗云："拉伴扳藤上，千村一望间。淡烟笼远渚，余日恋晴山。塔影依天际，橹声静濑湾。归禽忘客至，借得半枝闲。" 该诗详细描述了文人骚客登塔林山远眺的所见所思所感。经过千百年来闽江泥沙的不断堆积以及人们常年的屯垦填土，如今的塔林山已成为不到10米的小山包，四周全部被高高低低的民房包围了。塔的四周乱草丛生，居民还在塔旁开垦菜地，搭建茅棚。如今的陶江石塔显得特别凄凉，完全没有林维雍所描绘的诗情画意了。

## 6. 莲峰石塔（图9-17）

位置与年代：莲峰石塔位于闽侯县青口镇莲峰村东岚谢氏支祠的左侧，建于宋代，福建省文物保护单位。

建筑特征：莲峰石塔为八角七层楼阁式花岗岩实心塔，高15米，由须弥座、塔身、塔盖和塔刹组成，每层

图9-17　莲峰石塔

图 9-18　莲峰石塔双层须弥座　　　　　　　　　　　图 9-19　莲峰石塔塔檐

设塔檐。最底层为边长 1.1 米的基座，基座上方为双层须弥座（图 9-18）。第一层须弥座高 1.16 米，由圭角层、下枋、下枭、束腰、上枭和上枋组成。圭角层雕 8 个高 0.28 米的如意形塔足，两圭角中心相距 1.05 米。共有 3 层下枋，第一层下枋高 0.15 米，边长 0.86 米；第二层下枋高 0.14 米，边长 0.93 米；第三层下枋高 0.6 米，边长 0.86 米。束腰高 0.28 米，边长 0.83 米，上枋高 0.6 米，边长 0.88 米。第二层须弥座高 0.76 米，由下枋、下枭、束腰和上枭组成，没有上枋。下枋边长 0.78 米，上枭高 0.3 米，顶部边长 0.86 米，束腰高 0.28 米，边长 0.68 米，转角施竹节柱。第二层须弥座整体向内收分，这样的设计利于支撑塔身。塔身层层收分，转角施瓜楞柱，柱头刻方形栌斗，每面辟佛龛。一层塔身正面檐下竖匾，阴刻篆书"祝圣延寿"，应该是为皇帝祝寿而建的。层间单层混肚石出檐（图 9-19），且混肚石显得特别饱满，呈圆鼓形。塔檐向两边翘起，戗脊前段高翘。檐上方设假平座，每面华板阴刻两个菱形壁龛。八角攒尖收顶，塔顶安置仰覆莲座与七层相轮，最高处为圆锥形塔尖。

　　雕刻艺术：莲峰石塔有着惟妙惟肖、造型古朴的浮雕（图 9-20、9-21、9-22）。第一层须弥座上下枭刻双层仰覆莲瓣，形态瘦长。束腰雕狮子戏球或莲花相互交错。4 幅狮子图颇为有趣，一只母狮嘴衔彩球的飘带，回头深情地望着奔跑而来的小狮子，构成一个欢快温馨的场面；还有一只狮子弯曲着身子，前脚玩耍着彩球，右脚翘起并放在头上，显得极其顽皮可爱；此外，还有几只狮子正低头摆弄着绣球。另外 4 幅莲花图的花朵与枝叶均雕得细致生动，有着玉洁冰清、争艳竞俏之风采。须弥座转角立侏儒力士，有的力士头部完全右侧，几乎用左边头部和左手顶住塔身，右手及胳膊撑住右腿；有的力士单膝下跪，半举着双手托住塔身；有的力士双手互相拉住，用右肩膀顶着塔身；有的力士右肩托住塔身，左手放入嘴巴正吹口哨。第二层须弥座上下枭也雕着仰覆莲瓣，特别是上枭的三层仰莲瓣颇有唐代莲花饱满厚实的风格。束腰雕单狮戏球、龙、麋鹿、花卉等。其中，有一只狮子正回头顾盼，还有一朵花被风吹得微颤颤的，而最奇特的是那只回头张望、须发怒张的飞龙，体态瘦长，身姿矫健，具有龙腾瑞气之感。塔身每面雕结跏趺坐的佛像（**图 9-23**），或结禅定印，或双手合十，透露

图 9-20　莲峰石塔须弥座雕刻

图 9-21　莲峰石塔须弥座雕刻

图 9-22　莲峰石塔须弥座雕刻

图 9-23　莲峰石塔佛菩萨像

图 9-24　青圃石塔

出宝相庄严之感。

文化内涵：莲峰石塔具有为皇帝祝寿、镇邪、兴文运等诸多功用。塔东南面为谢氏支祠，支祠正立面外墙为牌楼式造型，大门两侧对联书"泚水三千胜，闽山七子才"。东岚谢氏属"陈留谢"的后裔，是入闽"东山谢"的支系。

# 7. 青圃石塔（图9-24）

位置与年代：青圃石塔位于闽侯县青口镇青圃团结村塔寺内，建于宋代，明代曾重修，福建省文物保护单位。

建筑特征：青圃石塔为八角九层楼阁式花岗岩实心塔，高8米，由基座、须弥座、塔身、塔顶与塔刹组成。基座为四方形，边长3.53米，高0.55米。塔基上方置四方形圭角层，边长2.73米，高0.5米，其中圭角高0.28米，这种把圭角层独立于须弥座的做法极为特殊。双层八角形须弥座（图9-25）。第一层须弥座刻如意形圭角，高0.28米。共有3层下枋，第一层下枋高0.15米，边长0.85米；第二层下枋高0.12米，边长0.75米；第三层下枋高0.8米，边长0.71米。束腰高0.27米，每边长0.62米。上枋高0.8米，边长0.7米。第二层须弥座下枋高0.8米，边长0.6米，束腰高0.22米，边长0.53米，转角施竹节柱，上枭高0.15米，边长0.6米。塔身逐层收分，转角施半圆形倚柱，柱头刻栌斗。塔身每面辟欢门式佛龛。层间单层混肚石叠涩出檐，塔檐由两块青石拼接而成，塔檐向上弯曲，檐角高翘，刻瓦垄、瓦当、滴水等。檐角留有圆洞，是挂铃铛留下的。檐上施假平座，平座转角阴刻望柱，每面华板浅浮雕

图9-25　青圃石塔须弥座

图9-26 青圃石塔狮子戏球造像

图9-27 青圃石塔狮子戏球造像

图9-28 青圃石塔凤凰造像

图9-29 青圃石塔佛菩萨造像

两个菱形纹饰。八角攒尖收顶，五层相轮式塔刹，相轮上方为八角形宝盖，宝盖上立一个宝葫芦。

雕刻艺术：青圃石塔的雕刻内容十分精彩。第一层须弥座下枋每面刻缠枝花卉和卷云图案，构图饱满。束腰雕护塔神将，神将们个个身披盔甲，手持利刃，蓄势待发，随时准备歼灭来犯之敌。他们或右手按住剑柄，左手放左腿之上；或左手按着剑柄，右手叉腰间；或双手同时按住剑柄；或右手执剑斜横在胸前。束腰雕刻一只憨厚可爱的狮子，正用前爪戏耍绣球，体态丰满圆润，极具动感（图9-26、9-27）。上下枭刻仰覆莲花瓣。二层须弥座下枭为覆莲瓣，上枭刻三层仰莲瓣，华贵大气。束腰雕凤凰和牡丹。凤凰图（图9-28）中有两只凤凰一上一下往相反方向展翅飞翔，同时又回头望着对方，类似太极图。每层塔身佛龛内的佛像也造型各异，有的结跏趺坐，有的手挥拂尘，有的手握禅杖，有的在参悟佛法，还有一佛二菩萨像造像（图9-29）等，形态自然，栩栩如生。

青圃石塔造型挺拔，姿态优美，雕刻工艺精良，是福州地区宋代楼阁式实心石塔的典范。石塔现位于塔寺庭院的正中心位置，得到了较好的保护。

文化内涵：青圃石塔造型如笔，应该是座兴文运、镇妖邪之塔。

## 8. 超山寺三塔（图9-30）

位置与年代：超山寺三塔位于闽侯县上街镇榕桥村超山寺后面的西梅岭窟，原有4座，如今还保留3座，建于宋元时期。

建筑特征：超山寺三塔中，中间一座较大，另两座较小，呈品字形排列。大塔（图9-31）为五轮式石塔，双层须弥座，第一层须弥座八边形，塔足雕如意形圭角，底边

图9-31　超山寺五轮塔

图9-30　超山寺三塔

长 0.7 米，高 0.33 米，上下枋边长均为 0.55 米，束腰高 0.25 米，边长 0.5 米，转角施三段式竹节柱，壶门刻"卍"字图案；二层须弥座圆形，高 0.43 米，上下枋为圆形仰覆钵盆。束腰瓜楞形。塔身圆鼓形，高约 0.56 米，下方置覆钵盆。仿木构八角挑檐，塔刹已毁。超山寺三塔的外观与泉州地区的其他五轮塔有很大的不同，泉州地区的五轮塔都比较瘦长，塔身均为椭圆形，而超山寺三塔的外观则比较粗壮，而圆鼓形塔身显得尤为饱满。

另外两座小塔为窣堵婆式石塔（**图 9-32、9-33**），造型相同，均为单层六边形须弥座，如意形圭角高 0.28 米，底边长 0.87 米，束腰高 0.32 米，边长 0.65 米，转角施三段式竹节柱，壶门雕"卍"字图形。钟形塔身高约 0.95 米，直径约 0.83 米。塔身正面开有一口，内为空心。

文化内涵：超山寺坐落于超山东面，始建于元泰定甲子年（1324 年），清嘉庆八年（1803 年）重建。一条小溪流过寺前，溪上建有一座由超山寺住持如圆建于明正德十二年（1517 年）的石桥，桥头原建有一座镇桥塔，

图 9-32　超山寺窣堵婆式塔

图 9-33　超山寺窣堵婆式塔

塔不知何时被毁。超山寺三塔原是超山寺僧人的舍利塔，离寺庙约有数百米，与寺庙隔溪相望。目前，超山寺虽正在大规模重修，而3座石塔却仍被遗弃在荒郊野外，故笔者希望，有关部门能将其移回寺内，加以妥善保护。

图9-34　龙泉寺海会塔

## 9. 龙泉寺海会塔（图9-34）

位置与年代：龙泉寺海会塔位于闽侯县鸿尾乡龙泉寺左后侧的山坡上，建于南宋。

建筑特征：海会塔为窣堵婆式石塔，高1.75米。六边形覆钵式塔座，雕如意形圭角，高0.21米，底边长0.8米。塔座上方施六边形覆钵石，高0.15米，底边长0.7米。钟形塔身高0.92米，直径约0.9米，西南面辟浅券龛，内刻"戊戌年吉旦立 龙泉寺海会塔"。塔身上方安置高0.16米的鼓形覆钵。高0.21米的仿木构六角攒尖顶，塔刹已毁。

文化内涵：龙泉寺在南宋时就已建成，几经被毁，几经重建，目前只剩一座新修的大雄宝殿及其两旁的数间简易厢房。

## 10. 雪峰寺塔林（图9-35）

位置与年代：雪峰寺塔林位于闽侯县大湖乡雪峰村雪峰崇圣禅寺的后山，坐北朝南，共有9座，建于宋至清代之间，均是雪峰寺历代主持的墓塔。

建筑特征：塔林共分为两组：第一组有6座，后面正中间为海会灵塔，前面8米处建有一排石构小塔。海会灵塔（图9-36）建于乾隆四十四年（1779年），为窣堵婆式石塔，高4米。单层八角形须弥座，塔足为蝙蝠

图 9-35　雪峰寺塔林

图 9-36 雪峰寺海会灵塔

图 9-37 雪峰寺亭阁式塔

图 9-38 雪峰寺宝箧印经式塔

形圭角，束腰与上下枋皆素面无雕刻，转角施三段式竹节柱。塔身覆钟形，高 1.9 米，四向各嵌一拱形石碑，刻"乾隆己亥重建海会灵塔"十字楷书。塔顶为小型五轮式塔，四角攒尖顶，底盘刻覆莲瓣。塔正前方立一石碑，刻"南无西方极乐世界阿弥陀佛"。

　　前排从右到左共有 5 座高约 2.5 米的石塔。第一座为双层亭阁式塔（**图 9-37**）。六角形单层须弥座素面无雕刻，通高 1.3 米。设 3 层下枋，一层下枋高 0.26 米，边长 0.85 米；二层下枋高 0.32 米，边长 0.67 米；三层下枋高 0.11 米，边长 0.54 米。束腰高 0.39 米，边长 0.42 米。第一层四方形塔身高 0.38 米，边长 0.43 米；第二层四方形塔身高 0.25 米，边长 0.24 米。每面雕结跏趺坐式佛像。一、二塔身下分别设有一个六边形与四边形的平座。塔顶为四角攒尖顶，宝珠式塔刹。第二座为宝箧印经式塔（**图 9-38**）。四角形单层须弥座，高 1.22 米，塔足为如意形圭角，高 0.27 米。设 3 层下枋，一层下枋高 0.1 米，边长 1.53 米；二层下枋高 0.2 米，边长 1.26 米；三层下枋高 0.13 米，边长 1.1 米，下枭高 0.12 米，边长 0.92 米。束腰高 0.25 米，边长 0.73 米；上枭高 0.1 米，边长 0.92 米。塔身下方设一层覆钵形基座，高 0.13 米，边长 0.75 米。四方形塔身高 0.46 米，宽 0.52 米，每面辟佛龛，但龛内的佛像已漫漶不清。塔顶四角的山花蕉叶已丢失。塔刹高 0.72 米，下面为覆钵石加 3 层相轮，刹顶为宝珠。第三座为宝箧印经式塔（**图 9-39**）。塔基为双层须弥座，通高 1.22 米。第一层为八角形须弥座，圭角层高 0.21 米，塔足为如意形，下枋高 0.8 米，边长 0.55 米，下枭高 0.1 米，边长 0.25 米，束腰高 0.2 米，边长 0.44 米，上枋高 0.1 米，边长 0.51 米。第二层须弥座呈圆形，束腰高 0.37 米。塔身下设一覆钵石，高 0.14 米，边长 0.56 米，四方形塔身高 0.44 米，宽 0.41 米，四朵山花蕉叶高 0.3 米。宝葫芦式塔刹，高 0.6 米。这种八角形与圆形相叠的双层须弥座十分特别，突破了传统宝箧印经塔的建筑样式，使得该塔造型更加多变。这充分表明当时的造塔工匠吸取了其他类型石塔的建筑形制，体现了他们灵活的建造思想。第四座仍为宝箧印经式塔，与第二座石塔比较相似。四角形单层须

图 9-39　雪峰寺宝箧印经式塔

图 9-40　雪峰寺窣堵婆式石塔

图 9-41　住山樵隐佛智禅师塔

弥座高 1.23 米，设两层圭角层，第一层圭角层高 0.3 米，边长 1.58 米；第二层圭角层高 0.25 米，边长 1.22 米。第一层下枋位于两圭角层之间，高 0.1 米，边长 1.5 米；二层下枋高 0.11 米，边长 1.05 米，下枭高 0.13 米，边长 0.93 米。四方形束腰高 0.26 米，宽 0.73 米。塔身破损较为严重。塔刹高 0.64 米，5 层相轮，塔顶为仰莲加宝珠。第五座为双层亭阁式塔，同第一座的造型与尺寸比较接近。六角形单层须弥座素面无雕刻，通高 1.17 米。设 3 层下枋，一层下枋高 0.21 米，边长 0.87 米；二层下枋高 0.32 米，边长 0.66 米；三层下枋高 0.11 米，边长 0.57 米。束腰高 0.38 米，边长 0.43 米。第一层四方形塔身高 0.4 米，边长 0.45 米；第二层四方形塔身高 0.22 米，边长 0.23 米。正面雕结跏趺坐式佛像。每层塔身下方均设一个六边形与四边形的平座。四角攒尖收顶，宝珠式塔刹。

　　第二组的 3 座塔在第一组的 6 座塔的西面约 5 米处，均为窣堵婆式石塔（图 9-40）。3 座塔一字排开。中间为住山樵隐佛智禅师塔（图 9-41），八角形单层须弥座，如意形圭角层高 0.25 米，边长 0.73 米，下枋雕卷云图案。束腰高 0.25 米，边长 0.5 米，转角施竹节柱。每面浮雕双狮戏球、莲花、牡丹等图案。塔身覆钟形，正面佛龛内刻"住山樵隐佛智禅师"，约建于元明时期。左边石塔设六角形单层须弥座，素面无雕刻，塔身能隐约看到"大清 壬申年五月吉"字样。右边石塔设八角形单层须弥座，塔足雕如意形圭角。

　　雪峰寺塔林的 9 座石塔因位于山林之中，加上雪峰寺海拔较高，环境十分潮湿，因此风化比较严重。

　　文化内涵：雪峰寺坐落于闽侯雪峰山南麓，始建于唐咸通十一年（870 年），清光绪年间重建，是江南"五山十刹"之一，号称"南方第一丛林"。为禅宗法眼宗和云门宗的发源地，20 世纪 80 年代，被列为全国重点寺院。这 9 座舍利塔见证了雪峰寺数百多年来的辉煌与沧桑。

## 11. 仙踪寺舍利塔（图 9-42）

　　位置与年代：仙踪寺舍利塔位于闽侯县南屿镇玉田村仙踪寺后面的半山坡，建于宋代，闽侯县文物保护单位。

图 9-42　仙踪寺海会塔

图 9-43　仙踪寺海会塔须弥座

建筑特征：仙踪寺舍利塔为窣堵婆式石塔，坐南朝北，高 4.1 米。基座高 0.09 米，边长 0.97 米。单层八边形须弥座（图9-43），如意形圭角高 0.23 米，底边长 0.9 米。下枋高 0.12 米，边长 0.83 米。上下枭高 0.13 米，边长 0.79 米。束腰高 0.23 米，边长 0.7 米。转角施四段式竹节柱，壶门雕瑞兽、花卉等图案，但风化严重。钟形塔身高约 1.65 米，东、西、南、北面各辟一佛龛，高 0.4 米，宽 0.3 米，其中北面龛内刻"舍利塔"三字，塔顶以寰形整石封盖。仙踪寺舍利塔下建有地宫，内以陶罐藏匿僧人舍利。

文化内涵：仙踪寺舍利塔因所在地势较高，故可俯视寺庙全景。塔前建有一座石牌坊。仙踪寺原名鹤山仙踪禅院，坐落于闽侯鹤山山腹中，是由义存禅师法嗣唐代高僧行瑫禅师创建的。据说，此处曾是五鹤落洋之地，故极具灵气。

## 12. 达本祖师塔（图9-44）

位置与年代：达本祖师塔位于闽侯县大湖乡雪峰寺降龙洞，建于民国时期。

建筑特征：达本祖师塔为窣堵婆式石塔，坐北朝南，高 1.95 米。单层六边形须弥座，束腰每面雕莲花纹饰。钟形塔身正面开券拱式塔门，内刻铭文"雪峰崇圣禅寺司公达本大和尚重兴宝塔"，落款为"民国辛未年七月吉日立"。以寰形整石封盖收顶，宝葫芦式塔刹。两侧还有两座小型窣堵婆塔。

文化内涵：达本祖师为古田县人，生于 1847 年，俗姓汪，22 岁在福清黄檗山出家，24 岁在鼓山涌泉寺受具足戒，1887 年开始任雪峰寺主持，并重建雪峰寺，是"曹洞宗"第四十五代祖师，道行高深。

图9-44　达本祖师塔

# 第十章
# 永泰县古塔纵览

永泰县位于福州西南部,境内主要以山地为主。因古民居众多,号称"中国建筑之乡"。但古塔较少,目前仅保留 2 座,均为楼阁式塔。

## 1. 麟瑞塔（图 10-1）

位置与年代: 麟瑞塔位于永泰县大洋镇麟阳村村口,坐东朝西,始建于明万历年二十三年（1595 年）左右,清代光绪年间（1875—1908 年）曾

图 10-1 麟瑞塔

重建。

建筑特征：麟瑞塔为平面六角五层楼阁式空心木塔，高27米，底层周长42米，边长7米，占地约100平方米，是福州地区唯一保留至今的木塔。正门牌匾上写"麟瑞塔"三字，上联"麟阳基业光裕后"，下联"瑞塔重辉耀千古"（图10-2）。塔身收分较大。每层塔檐完全为木建筑屋檐造型（图10-3），飞檐翘角，转角施圆形木柱。第一层塔檐下六铺作三抄斗拱（图10-4）。二层以上设平座与栏杆，栏杆转角为立柱。二到四层栏杆均有壁画，其中二层为双龙戏珠，三层为丹凤呈祥，四层为鹿林图。一至五层塔心室供奉不同的神明，一层土地神，二层观音、卢公，三层孔子、仓玉信、孙真人，四层文昌君，五层魁星中军。

文化内涵：在麟瑞塔所供奉的诸多神明中，卢公是永泰地区所独有的地方神灵。卢公原名卢意诚，永泰嵩口镇卢洋村人，32岁出

图10-2 麟瑞塔塔门

图10-3 麟瑞塔塔檐

图10-4 麟瑞塔第一层

图 10-5　联奎塔

家，号元意禅师，康熙四年（1665 年）圆寂，被尊称为"卢公祖师"，在永泰及其周边地区拥有许多信徒。据清《永福县志》记载："卢公，三十三都人，为僧于闇然亭，修道六载，辟谷不食。康熙四年九月，告乡人以死期，架柴火化，乡人祀于亭中。今祷祈遍郡邑，驱蝗最应，呼为卢祖师。"由此可知，卢公最主要的职能是驱蝗。因永泰地处山区，如遇到蝗虫来袭，后果不堪设想，于是人们在蝗灾时期，都会祈求卢公显灵驱虫，治病救灾。目前，永泰西北山区还保留约 10 座"卢公堂"。麟瑞塔的建塔者将卢公与观音供奉在同一层，说明人们对卢公祖师的崇敬。仓玉信是指仓神，原型是仓星，掌管粮仓，农历正月二十五是其生日，后来人们因韩信担任过仓官，就把他当作仓神。清韶公《燕京旧俗志·岁时篇》"添仓"记载："相传仓神为西汉开国元勋韩信，俗称之曰韩王爷。"孙真人就是唐代名医孙思邈，著有《千金方》，后被神化为治病救人的神仙。魁星是民间传说中的神话人物，主管文运，在儒家学子的心目中地位极高。麟瑞塔上的神明集佛教、道教、儒教及民间俗神为一体，反映了明清时期我国地方宗教信仰的融合。

## 2. 联奎塔（图 10-5）

位置与年代：联奎塔位于永泰县城南浮尾大樟溪南岸塔山山顶，是在清道光十一年（1831 年）为纪念南宋乾道二年至八年（1166—1172 年）永泰学人连中三科状元而修建的。乡人希望本县后世学人也能够金榜题名，故将此塔取名为联奎塔。

建筑特征：联奎塔为平面八角七层楼阁式花岗岩空心塔，高 21 米，由塔基、塔身、塔檐、塔盖、塔刹等组成。塔基没有采用须弥座形式，塔身直接建在高 0.62 米、周长 39 米的八边形基座之上（图 10-6）。四周建八边形石栏杆，每个转角立望柱，柱头为桃形，两柱之间以寻杖相连，没有采用栏板，仅在寻杖中间竖立一根石柱。石栏杆北面开口，并设四层石台阶直通塔门。塔身每层只开一门，其余各面辟佛龛，一、二层佛龛为壶形，三至七层佛龛为方形。上下层塔门位置相互错开，一层、四层和七层北向

图 10-6　联奎塔塔身

图 10-7　联奎塔塔檐

开门，二层、六层朝向东南，五层面东，三层向西南方。塔身采用条石纵横相错的方式砌筑而成，使得塔体更加坚固。塔身转角施圆形石柱，没有安置栌斗，柱头上直接架普拍枋。第一层塔身高 2.28 米，塔柱之间宽 1.73 米。一层塔门高 1.75 米，宽 0.9 米。每层塔檐仿木结构屋檐，为翚飞式造型，中间水平，两端翘起。塔檐下为双层混肚式叠涩出檐（图 10-7），无斗拱，应该是借鉴了莆田释迦文佛塔和福州乌塔的塔檐样式。二至七层设平座与栏杆，两根望柱之间为长方形栏板。塔顶八角攒尖，宝葫芦式塔刹，并以 8 条浪风索与檐角相连。塔内有石阶通达塔顶，每层石阶均与门相通。20 世纪 80 年代修建塔山公园时，每层塔身上下部位以铁圈加固，用水泥修补损毁的三层阶梯，外部安装电灯。

　　雕刻艺术：联奎塔的雕刻内容极为多姿多彩。每层塔门两旁均有人物浮雕，为不同品阶的文武官仪仗，个个神采奕奕。其中，第一层塔门左右两边为高浮雕，右边文官是位老者（图10-8），头戴官帽，表情安详，胡须修长，左手持爵位官帽，右手放在腰间；左立一年轻的文官（图 10-9），头戴官帽，右手捧着一顶状元帽，左手放腰上。在福建古塔中，只有联奎塔塔门由文官来把守，颇为奇特。一层塔门上方牌匾刻楷书"联奎塔"，左右两边雕仙人与鹿图案。仙人头向后仰，一只麋鹿紧跟其后，象征御赐重宴鹿鸣；右边雕仙人与鹤图案，仙人右手背着拂尘，一只仙鹤回头仰望，象征修道之士与鹤为伴。第二层塔门两边为武将

图 10-8　联奎塔文官造像

图 10-9　联奎塔文官造像

图 10-10　联奎塔武将造像

（图 10-10）。右边武将左手紧握铁斧，右手插在腰间；左边武将右手握着铁斧，左手叉腰间，均显得威风凛凛。塔门门楣左右各雕有一仙人。第三层塔门左边为文官，右手举在胸前，左手叉腰间；右边武将右手高举一把戟。其余各层塔门均雕有护塔神将。除一、二层佛龛内的雕像已经损坏，其余各层佛龛内塑有罗汉、和合二仙等造像，或弟子拜师，或坐禅拱手，均憨态可掬。其中二层雕一尊仙人，右手拿着拂尘，显得仙风道骨。每层栏板都有浅浮雕，二、三层雕缠枝花卉，四、五层雕双龙戏珠，六、七层为花卉图案。

　　文化内涵：　联奎塔所在的地方原先已有座宋代文峰塔，但毁于元代。据明万历《永福县志》记载："宋开宝二年（969 年）建寺于越峰，晨钟暮鼓与县漏相应，作桥以续西山之龙脉，建塔于东南之水口，以应龙象，于是人文日盛，科甲蝉联。"如今的联奎塔是为纪念南宋时期，永泰人萧国梁、郑侨和黄定七年连捷三科状元而重建的。南宋张世南的《游宦纪闻》对此事有记载。联奎塔的地理位置为大樟溪和清凉溪汇合处，俯视东门大桥与永泰县城。塔所在的山峦位于大樟溪右侧，虽然不高，但既像一个笔架，又似一扇屏风；既有大山环绕，又有流水拥抱，于是被选为塔址。故建联奎塔还有一个目的，就是为了镇住水里的龙王，防止水灾。

# 第十一章
# 闽清县古塔纵览

闽清县位于福州西北部，地形以山峦为主，平原狭小，号称"福建省森林县城"。目前，保留较完整的古塔只有 3 座，而且体量都较小。其中，楼阁式塔 2 座，窣堵婆式塔 1 座。

## 1. 台山石塔（图 11-1）

位置与年代： 台山石塔位于闽清县城区的台山公园内，始建于宋代，后被毁，明嘉靖二十五年（1546 年）重建。

建筑特征： 台山石塔为平面八角七层楼阁式空心花岗岩塔，高 10 米。八边形台基较宽大，高 0.44 米，塔埕宽 2.48 米，每隔一面设条石砌筑的垂带踏跺。八边形塔基共四层（图 11-2），逐层收分，第一层高 0.27 米，边长 1.97 米；二层高 0.32 米，边长 1.87 米；三层高 0.29 米，边长 1.77 米；四层高 0.29 米，边长 1.57 米。第一层塔身正面开一微拱形石门，其余塔壁当间辟边长 0.28 米的正方形券龛，二至七层塔壁相隔四面开长方形塔窗，全塔共 24 个窗户。塔身收分较大，其中第一层塔身高 1.6 米，下底边长 1.44 米，上底边长 1.4 米。层间仿木构八角挑檐，檐角翘起。八角攒尖收顶，刹座为覆钵石，宝珠式塔刹。塔心室为空筒式结构（图 11-3）。由于二层以上均有开窗，室内光线良好。塔心室上方以条石横架，用以加固塔身。

图 11-1　台山石塔

图 11-2　台山石塔塔基

图 11-3　台山石塔塔心室

室内以厚砖插入塔壁，形成螺旋式阶梯。台山石塔整体塔身素面无雕刻，朴实无华。作为闽清的地标建筑，是古城历史的见证。

文化内涵：台山石塔位于两条河流之间的山上，东面闽江，西面梅溪，正好在一个半岛之上，是闽清县城关的风水塔，有兴文运之功用。

## 2. 白岩寺海会塔（图 11-4）

位置与年代：白岩寺海会塔位于闽清县三溪乡前坪村白岩山，建于清光绪十五年（1889 年）。

建筑特征：白岩寺海会塔为窣堵婆式石塔，高 2.47 米，坐南朝北。单层八边形须弥座，底边长 0.85 米。钟形塔身分成两层，正面镶嵌青石墓碑，镌刻有"海会塔 临济正宗 能圣根禅师 光绪十五年季夏吉日立"等字。塔顶用寰形整石封盖。

图 11-4　白岩寺海会塔

图 11-5 前光敬字塔

文化内涵：海会塔是白岩寺众僧的墓塔。白岩寺为清代土木结构建筑，坐南朝北，从北至南依次为大门、天井、左右书院、正座和侧房，占地面积 440.52 平方米。

## 3. 前光敬字塔（图 11-5）

位置与年代：前光敬字塔位于闽清县三溪乡前光村洋头街前山桥头，建于清代。

建筑特征：前光敬字塔为平面四角两层楼阁式空心石塔，高 2 米。一层塔身正面辟葫芦形塔门，上方扇形匾额刻楷书"文光社"三字，两旁楹联字迹模糊，可隐约辨认出"文 能 吾道 光华"等字；二层塔身正面雕一只麒麟。四角攒尖收顶。

文化内涵：前光敬字塔上刻有"文光社"，说明其曾经是文人自行组织的学术机构，反映了当地清代时期的文化气息。

# 第十二章
# 罗源县古塔纵览

罗源县位于福州东北部，东临东海，其余三面环山，为福建省畲族主要聚居区。目前，保留有12座古塔。其中，楼阁式塔4座，窣堵婆式塔3座，经幢式塔4座，亭阁式塔1座。

## 1. 圣水寺海会塔（图12-1）

位置与年代：圣水寺海会塔位于罗源县城南郊的莲花山半山腰圣水寺的后山，共有4座，结构都比较简单，分别建于北宋和明清时期。

建筑特征：年代最久远的塔，是开山祖师谏二头陀祖师塔（图12-2），建于北宋元符二年（1099年），经幢式单层圆形石塔，六角形基座，圆形幢身，攒尖形塔顶，宝珠式塔刹。谏二头陀祖师是圣水寺开山祖师，于北宋绍圣三年（1096年）创立圣水寺，1099年圆寂，弟子在寺后为其建舍利塔。后来塔被毁坏。1996年，先是在平整法堂地基时，发现部分塔石，后来又在栖云洞石桌下发现塔身残石，于是利用原有石材重建石塔。

其他还有3座明清时代的石塔一字排开，高约1.3米—1.5米。中间一座为单层亭阁式塔（图12-3），六角形单层须弥座，塔身六边形，正面辟券龛，塔顶安置一个较大的覆钵石，宝珠式塔刹。右边一座为窣堵婆式塔，单层圆形须弥座，塔身覆钟形，正面开壶形佛龛，宝珠式塔刹。左边一座

图 12-1　圣水寺海会塔

图 12-2　谏二头陀祖师塔

图 12-3　圣水寺亭阁式塔

图 12-4　瑞云寺海会塔

为窣堵婆式塔，单层圆形须弥座，圆柱形塔身，宝珠式塔刹。

文化内涵：圣水寺始建于北宋绍圣三年（1096 年），为罗源第一名刹，现存的建筑是明万历年间以后才陆续修建的。寺内有著名的栖云洞十八罗汉青石像，是全国重点文物保护单位。

## 2. 瑞云寺海会塔（图 12-4）

位置与年代： 瑞云寺海会塔位于罗源县松山镇外洋村瑞云寺南面的山坡上，始建于北宋治平二年（1065 年），清代宣统元年（1909 年）被洪水冲毁淹没。1990 年 5 月被当地人发现后，重新加以修复。现为罗源县文物保护单位。

建筑特征： 瑞云寺海会塔为窣堵婆式石塔，坐西朝东，高 2.6 米。八边形基座，高 0.09 米，边长 1.13 米。单层八边形须弥座（图 12-5），底边长 1.05 米，塔足为如意形圭角，高 0.25 米；下枋高 0.13 米，边长 0.95

图 12-5　瑞云寺海会塔须弥座

米；下枭高 0.14 米，边长 0.88 米，刻覆莲花瓣；上枭高 0.07 米，刻仰莲花瓣；上枋高 0.05 米，边长 0.88 米。束腰高 0.22 米，边长 0.79 米。每面刻壶门，宽 0.69 米，内雕刻花卉、瑞兽等，转角施三段式竹节柱。塔身下方为圆形覆莲座，高 0.14 米。塔身正面辟圭形门，高 0.32 米，宽 0.27 米。门上方横向刻"宋治平乙 冬"。塔身左右两面各辟一门。塔顶以寰形整石封盖。

文化内涵： 海会塔藏有瑞云寺僧人的舍利。瑞云寺始建于唐代，清代重建。主体建筑为土木结构，单檐硬山式屋顶。

## 3. 巽峰塔（图12-6）

位置与年代：巽峰塔位于罗源城郊莲花山之巅，建于明万历三十三年（1605年），清康熙八年（1669年）迁移到莲花山，1986年曾进行修缮。现为罗源县文物保护单位。《罗源县志》载："巽峰塔，在县治东南二里小莲花山上，县学之前。万历乙巳，知县吴文英因庠生

图12-6 巽峰塔

尤光熙、郑应桂、林应璧、黄文炜等之请，倡率募缘暨乡老黄元禹、丁乾明、陈思、倪可卜等营造，费几十金，高十余丈，位列东南，故名巽峰。"

建筑特征：巽峰塔为平面八角七层楼阁式实心石塔，高 19.34 米。单层须弥座，高 1.2 米，底边长 2.5 米，塔足雕如意形圭角。上下枭为仰覆莲花瓣，束腰雕刻双狮戏球、双凤朝牡丹、祥云等图案，转角施竹节柱。一层塔身西北面开一塔门，两旁各雕一尊高 1.3 米的护塔神将，左侧柱上刻"康熙己酉八年岁一阳毂旦鼎建"。每层塔壁各面辟券拱形或方形佛龛，内原有 55 尊造型各异的佛菩萨像，如今还保留 20 多尊。层间以双重混肚石叠涩出檐，混肚石下施栏额，之间再铺设罗汉枋。每层塔身转角立半圆形倚柱，柱头为倒梯形栌斗，上为五铺作双抄斗拱，上方承托塔檐翘角。檐口平直，檐角翘起，刻瓦垄、瓦当、滴水等，檐上无平座。

文化内涵：据相关文献记载，知县吴文英是江西进贤人，明万历二十三年（1595 年）乙未科进士，万历二十七年（1599 年）至万历三十三年（1605 年）之间，曾经在罗源任县令，后官至南京礼部郎中。他在罗源时期，"选巽峰于东南，以为文笔巨观"，建造巽峰塔，祈求文运昌盛，人才辈出。巽峰塔所在的莲花山面对罗源湾，进出罗源湾的船舶均以此塔为航标。

## 4. 万寿塔（图 12-7）

位置与年代：万寿塔位于罗源城区崇德桥西南处的大街旁，始建于唐代。后毁。明洪武九年（1376 年）重建。清康熙四十七年（1708 年）再次被毁。清雍正四年（1726 年）又重建，并且增加了高度。后又毁坏，清乾隆五十一年（1786 年）再次重建。可谓屡毁屡建。如今保存的建筑是乾隆时期修建的，为罗源县文物保护单位。

建筑特征：万寿塔塔身挺拔细长，高达 13 米，平面八角十三层楼阁式实心石塔，是福建省层数最多、最瘦长的古塔。塔基为一大一小两层（图 12-8），一层高 0.7 米，边长 1.35 米；二层高 0.77 米，边长 0.7 米，均素面无雕刻。第一层塔身下方施八角形圭角层，塔足为如意形圭角，每边

图 12-7 万寿塔

图 12-8　万寿塔塔基

图 12-9　万寿塔雕刻

图 12-10　万寿塔罗汉造像

图 12-11　万寿塔大象造像

图 12-12　万寿塔狮子造像

图 12-13　万寿塔弥勒佛造像

刻曲线纹饰。一般古塔的圭角层基本都是位于须弥座之下，而万寿塔的圭角层直接设在一层塔身下方，实属罕见。塔身每面辟佛龛。塔身逐层收分较大。第一层西北面开门，三层东南、西北向开门，四层西南向开门，其余塔层不设门。一到四层塔身采用两块花岗石相对砌成，各层之间的接缝相互交错，以保证整体的坚固性。五到十三层因体块较小，用整块石头砌成，中间镂空，以减轻对塔身下层的压力。层间以青石塔檐直接出挑，檐口平直，并刻瓦垄、瓦当等，檐角翘起。宝葫芦式塔刹，顶尖细长，安装一根尖尖的避雷针。

雕刻艺术：万寿塔塔身布满精美的雕刻（图12-9）。第一层塔身雕有罗汉、狮子等，其中，一尊罗汉肩背禅杖，杖上挂一斗笠，表情静穆，双脚赤足踩在树叶上正要渡江，应该是过江罗汉或达摩祖师（图12-10）。一尊罗汉面带笑容，右手搭在左膝上，显得清闲自在，应是开心罗汉。一尊罗汉双手托钵、盘膝而坐，双眼微闭，应是静坐罗汉；一尊左手托钵，右手靠在右膝上的罗汉，眉毛紧锁，表情凝重，应是托钵罗汉。还有两面塔身分别雕刻狮子与大象（图12-11），其中一只雄狮嘴里含着一支莲花，而且狮子身上的毛发雕得特别长，威风凛凛（图12-12）。第二层塔身每面雕刻结跏趺坐在莲盆之上的佛像，或双手合十，或结各种禅定印。其中有一尊圆脸、大肚、胸挂念珠的佛像，应是弥勒佛（图12-13）。第三层塔身雕有站立佛像，四层以上佛龛雕有坐佛，但大部分已风化。第一层塔檐处有一牌匾，刻楷书"万寿塔"三字，檐口雕刻暗八仙图案，有鱼鼓、荷花、葫芦、阴阳板、团扇等纹饰，还雕有梅花等花卉图案。一、二层塔檐檐角刻成展开翅膀的蝙蝠造型。万寿塔雕刻具有佛道两家的思想观念，充分体现了清代罗源地区工匠高超的雕刻水平。

文化内涵：万寿塔是罗源县的风水塔，造型玲珑剔透，具有典型的江南古塔风格，在清代被列为凤城八景之一，称"市心佛塔"。该塔既是罗源旧城最高的建筑，又是罗源民众祈求文运的风水塔。但如今，随着城市化的发展，四周高楼林立，车水马龙，塔上的神仙们只怕很难清静。

图 12-14　护国塔

## 5. 护国塔（图 12-14）

位置与年代：护国塔位于罗源县起步镇护国村护国溪护国桥桥头，重建于清咸丰五年（1855年），罗源县文物保护单位。建护国桥石碑记载："清光绪九年（1883年）桥折，十月经监生郑元朗独立修造。民国五年（1916），董大宇、郑梦珍重修。桥、塔、庙、路均告成功。"

建筑特征：护国塔为平面八角七层楼阁式花岗岩实心塔，高5.26米。单层八边形塔基，高0.26米，边长0.47米，每面壶门内雕刻瑞兽、花卉等图案（图12-15）。塔身逐层收分，立面呈梯形，其中第一层塔身高0.36米，下底边0.41米，上底边0.38米；二层塔身高0.35米，下底边0.37米，上底边0.35米；三层塔身高0.33米，下底边0.33米，上底边0.32米。层间以单层混肚石出檐（图12-16），檐角翘起，一层塔檐高0.28米，边长0.46米；二层塔檐高0.28米，边长0.45米。塔身每面辟券拱形佛龛，内雕结跏趺坐佛像（图12-17），全塔共有56尊，转角施倚柱。每一层塔身和塔檐都由一块岩石雕琢而成。八角攒尖收顶，宝葫芦式塔刹。

图 12-15　护国塔塔基雕刻

图 12-16　护国塔塔檐

图 12-17　护国塔佛像

225

文化内涵：护国塔为护国村的风水塔，保佑护国桥过往行人以及护国溪上船舶的安全。

## 6. 月公大师塔（图12-18）

位置与年代：月公大师塔位于罗源县起步镇紫峰寺东侧的山坡上，建于清乾隆四年（1739年）。

建筑特征：月公大师墓呈风字形，三级墓埕，设有三摆手。塔为平面八角单层亭阁式石塔，坐北朝南，高2.5米。单层八边形须弥座，塔足雕如意形圭角，高0.36米，底边长0.68米，每边刻柿蒂纹；下枋高0.12米，边长0.63米；下枭高0.08米；束腰高0.26米，边长0.52米。每面壶门宽0.45米，浮雕狮子、麒麟等瑞兽形象（图12-19、12-20），转角施三段式竹节柱。塔身每面呈梯形，高0.95米，下底边0.43米，上底边0.4米。正面辟长方形浅龛，高0.85米，宽0.27米，内刻"月公大师塔"。八角攒尖收顶，

图12-18　月公大师塔

图 12-19　月公大师塔须弥座雕刻

图 12-20　月公大师塔狮子戏球造像

图 12-21　《月公老大德寿铭并序》

塔檐边长 0.52 米，檐口水平，檐角翘起，雕有瓦垄、瓦当与滴水，宝葫芦式塔刹。塔前摆手两旁石柱刻楹联"曲水潆回源洞水""明山拱峙印曹山"。柱头立有一只石狮。

　　文化内涵：塔后刻有铭文《月公老大德寿铭并序》（**图 12-21**），记载了月公大师为罗邑人，俗姓李，字异月，母亲陈氏，从小就有慧根，9

图 12-22　慈公大师塔

岁时开始有出家之志，父母于是送他到紫峰寺参拜如拙大师。月公大师出家后十分勤奋，并重修紫峰寺，教化一方，终成一代高僧。

## 7. 慈公大师塔（图 12-22）

图 12-23　慈公大师塔双狮戏球造像

位置与年代：慈公大师塔位于罗源县起步镇紫峰寺南面的山坡上，清嘉庆九年（1804 年）重修。

建筑特征：慈公大师墓呈风字形，三级墓埕，三摆手，正前方石栏杆刻"一坞白云"，两侧摆手刻"传灯普照光真宅""觉路频开透紫峰"。塔为平面六角单层亭阁式石塔，坐西朝东，高 2.5米。四方形覆莲瓣基座，高 0.15

米，底边长 1.15 米。单层四边形须
弥座，底边长 1 米，束腰高 0.35 米，
边长 0.9 米，壶门宽 0.74 米，正面
浮雕双狮戏球（图 12-23），转角
施方形倚柱。须弥座上方置圆形覆
钵石座，高 0.1 米。塔身高 0.83 米，
每面下底宽 0.3 米，上底宽 0.28 米，
正面刻"慈公大师塔"，北面刻"嘉
庆甲子桂月默航重修"。六角攒尖
收顶，塔檐每边长 0.4 米，雕瓦垄、
瓦当、滴水等构件，檐角翘起，串
珠式塔刹。

文化内涵：慈公大师曾是紫峰
寺高僧。

图 12-24　金栗寺经幢

## 8. 金栗寺经幢（图 12-24）

位置与年代：金栗寺经幢位于
罗源县凤山镇方厝村金栗寺西侧的
山坡上，建于清代。

建筑特征：金栗寺经幢为平面
八角经幢式石塔，高 3.35 米。四方
形基座高 0.25 米，每边长约 1.67 米。
单层八边形须弥座（图 12-25），
塔足雕如意形圭角，高 0.26 米，底
边长 0.7 米，每边刻柿蒂纹；下枭高
0.15 米，边长 0.48 米；束腰高 0.22
米，每面宽 0.4 米，每面雕花卉、瑞
兽等图案，转角施三段式竹节柱；

图 12-25　金栗寺经幢须弥座

图 12-26　大获村惜字纸塔

上枋高 0.06 米，边长 0.44 米。须弥座上方置覆钵座，高 0.16 米。双层幢身，一层幢身高 1.4 米，每边长 0.18 米。二层幢身雕有一尊结跏趺坐佛像。两层幢之间及幢顶为八角塔檐。宝葫芦式塔刹。

文化内涵：金粟寺经幢建于通往寺庙的山路旁，是为来往的香客消灾祈福的。金粟寺由了一和尚始建于五代后唐清泰二年（935 年），元至正间（1341—1368 年），明天启间（1621—1627 年）和清康熙间（1662—1722 年）曾进行重修。

## 9. 大获村惜字纸塔（图 12-26）

位置与年代：大获村惜字纸塔位于罗源县松山镇大获村下姚自然村的路边，建于清同治四年（1865 年）。

建筑特征：惜字纸塔为平面八角两层楼阁式砖石塔，虽为八角形，但比较特别，四面较宽，另四面较窄。单层须弥座，塔足如意形，高 0.25 米，宽面边长 0.6 米，窄面边长 0.26 米；束腰高 0.56 米，宽面边长 0.47 米，窄面边长 0.15 米，每面刻有凤凰、莲花、卷草等吉祥图案（图 12-27）；上枋高 0.14 米，宽面边长 0.49 米，窄面边长约 0.25 米。第一层八边形塔身高 0.55 米，宽面边长 0.41 米，窄面边长 0.135 米。正面开炉口，内为焚化

图 12-27 大获村惜字纸塔凤凰造像

图 12-28 大获村惜字纸塔铭文

字纸之处，门上方刻开卷图案，刻"敬惜字纸"。两侧对联为"敬先贤先圣""焚一字一功"，落款"同治四年乙丑花月谷旦姚造"。靠墙一侧刻"玑海捐银拾两正，向德捐银捌两正，圣时捐银捌两正，登球捐银五两正"（图12-28），说明此塔是玑海、向德、圣时和登球4人捐建的。二层塔身高0.4米，宽面边长0.3米，刻卷草、如意等吉祥纹饰。一、二层间为仿木结构塔檐，高0.2米，边长0.85米，檐角高翘，刻瓦垄、瓦当等。四角攒尖收顶，上方立降龙罗汉造像。只见他圆瞪双目、紧蹙双眉，左手握着宝珠，右手高举龙鞭，作驱龙状，身后波涛汹涌。浪花和罗汉上半身连接在一起，形成一个圈状。如手握圈处，还可以打开塔盖，可见建造者设计得十分巧妙。罗汉身下踩着一只张嘴瞪目的蛟龙。

文化内涵：大获村如今还保存着一些古民居，而惜字纸塔就靠在一座古祠堂的墙壁上，体现了清代村民崇文的风气。

# 附录一：福州市古塔一览表

**鼓楼区古塔**

| 序号 | 塔名 | 所在地 | 建造年代 | 建筑形制 | 高度 | 文物等级 | 备注 |
|------|------|--------|----------|----------|------|----------|------|
| 1 | 七星井塔 | 鼓楼区井大路七星井临水宫 | 唐开元年间（713—741年） | 平面圆形经幢式石塔 | 2.1米 | 福州市文物保护单位七星井附属文物 | |
| 2 | 崇妙保圣坚牢塔 | 鼓楼区乌石山 | 五代闽国永隆三年（941年） | 平面八角七层楼阁式空心石塔 | 35.2米 | 全国文物保护单位 | |
| 3 | 文光宝塔 | 鼓楼区于山戚公祠 | 北宋 | 平面八角七层楼阁式实心石塔 | 8米 | 鼓楼区文物保护单位 | |
| 4 | 武威塔 | 鼓楼区于山戚公祠 | 北宋 | 平面八角六层楼阁式实心石塔 | 7米 | 鼓楼区文物保护单位 | |
| 5 | 开元寺石塔 | 鼓楼区尚宾路尚宾花园 | 北宋 | 平面八角七层楼阁式实心石塔 | 7米 | | |
| 6 | 报恩定光多宝塔 | 鼓楼区于山白塔寺 | 明嘉靖二十七年（1548年）重建 | 平面八角七层楼阁式空心砖塔 | 45.35米 | 福建省文物保护单位 | |
| 7 | 慧稜禅师墓塔 | 鼓楼区西禅寺 | 始建于五代，清代重建 | 窣堵婆式石塔 | 3.6米 | 福州市文物保护单位 | |
| 8 | 乐说禅师塔 | 鼓楼区西禅寺 | 清康熙三十四年（1695年） | 窣堵婆式石塔 | 1.32米 | 鼓楼区文物保护单位 | |
| 9 | 微妙禅师塔 | 鼓楼区西禅寺 | 清光绪年间（1871—1908年） | 窣堵婆式石塔 | 2.3米 | 福州市文物保护单位 | |
| 10 | 性慧禅师塔 | 鼓楼区西禅寺 | 清 | 窣堵婆式石塔 | 2.2米 | | |
| 11 | 谈公禅师塔塔 | 鼓楼区西禅寺 | 清 | 窣堵婆式石塔 | 3.8米 | | |
| 12 | 国魂塔 | 鼓楼区于山 | 民国 | 平面八角六层楼阁式实心石塔 | 1.8米 | | |

## 仓山区古塔

| 序号 | 塔名 | 所在地 | 建造年代 | 建筑形制 | 高度 | 文物等级 | 备注 |
|---|---|---|---|---|---|---|---|
| 1 | 金山寺塔 | 仓山区建新镇金山寺 | 南宋绍兴年间（1131—1162年） | 平面八角七层楼阁式空心石塔 | 11.5米 | 仓山区文物保护单位 | |
| 2 | 林浦石塔 | 仓山区城门镇绍岐村 | 南宋绍熙四年（1193年） | 平面八角七层楼阁式实心石塔 | 7.5米 | 仓山区文物保护单位 | |
| 3 | 壁头石塔 | 仓山区城门镇壁头村农民公园 | 明嘉靖年间（1521—1566年） | 平面八角三层楼阁式实心石塔 | 2.6米 | | |
| 4 | 清富石塔 | 仓山区城门镇富安村 | 清康熙年间（1662—1722年） | 平面四角七层楼阁式实心石塔 | 7.2米 | 仓山区文物保护单位 | |
| 5 6 | 石步双塔 | 仓山区城门镇石步村 | 清 | 1座平面六角七层楼阁式实心石塔、1座平面四角七层楼阁式实心石塔 | 4.8米 2.7米 | 仓山区文物保护单位 | 2座：又名石步塔仔、石步水塔 |

## 马尾区古塔

| 序号 | 塔名 | 所在地 | 建造年代 | 建筑形制 | 高度 | 文物等级 | 备注 |
|---|---|---|---|---|---|---|---|
| 1 | 罗星塔 | 马尾区罗星塔公园 | 明天启年（1621—1627年） | 平面八角七层楼阁式空心石塔 | 31.58米 | 福建省文物保护单位 | |

## 晋安区古塔

| 序号 | 塔名 | 所在地 | 建造年代 | 建筑形制 | 高度 | 文物等级 | 备注 |
|---|---|---|---|---|---|---|---|
| 1 | 隐山禅师藏骨塔 | 晋安区林阳寺 | 始建于南朝天嘉二年（561年），明代重建 | 窣堵婆式石塔 | 1.75米 | 晋安区文物保护单位 | |
| 2 | 释迦如来灵牙舍利宝塔 | 晋安区鼓山涌泉寺藏经阁 | 五代（待考） | 宝箧印经式铁塔 | 5.8米 | | |
| 3 4 | 千佛陶塔 | 晋安区鼓山涌泉寺 | 北宋元丰五年（1082年） | 平面八角九层楼阁式实心陶塔 | 7.6米 | 福建省文物保护单位 | 2座 |

| 5 | 鼓山海会塔 | 晋安区鼓山舍利窟 | 建于北宋大观三年（1109年），清同治十二年（1873年）重修 | 平面六角亭阁式石塔 | 2.5米 | 晋安区文物保护单位 | |
| 6 | 云庵海会塔 | 晋安区林阳寺 | 南宋庆元三年（1197年） | 窣堵婆式石塔 | 2.05米 | 晋安区文物保护单位 | |
| 7 8 | 圣泉寺双塔 | 晋安区圣泉寺 | 明万历十一年（1583年） | 平面六角七层楼阁式实心石塔 | 5.05米 | 晋安区文物保护单位 | 2座 |
| 9 | 神晏国师塔 | 晋安区涌泉寺 | 明天启七年（1627年） | 宝箧印经式石塔 | 5.8米 | | |
| 10 | 碧天宗和尚塔 | 晋安区鼓山积翠庵 | 明崇祯三年（1630年） | 窣堵婆式石塔 | 2.6米 | | |
| 11 | 无异来和尚塔 | 晋安区鼓山五贤祠 | 明 | 五轮式石塔 | 1.32米 | | |
| 12 | 鼓山报亲塔 | 晋安区鼓山报亲庵 | 明 | 五轮式石塔 | 2.2米 | | |
| 13 14 15 | 最胜幢三塔 | 晋安区鼓山涌泉寺 | 清顺治十七年（1660年） | 窣堵婆式石塔 | 2.5米 2.1米 | | 3座：当山历代祖师塔、尊宿塔、历代列祖塔 |
| 16 | 七佛经幢塔 | 晋安区鼓山舍利窟 | 清初 | 平面八角经幢式石塔 | 1.87米 | 晋安区文物保护单位 | |
| 17 | 为霖禅师塔 | 晋安区鼓山梅里景区 | 清康熙四十四年（1705年） | 平面六角亭阁式石塔 | 4.2米 | | |
| 18 | 般若庵海会塔 | 晋安区鼓山般若庵 | 清雍正八年（1730年） | 平面六角亭阁式石塔 | 3.7米 | | 为圆玉、恒涛、象先三大高僧塔 |
| 19 | 奇量禅师塔 | 晋安区鼓山梅里景区 | 清光绪二十年（1894年） | 窣堵婆式石塔 | 2.8米 | | |
| 20 | 崇福寺报亲塔 | 晋安区崇福寺 | 清光绪三十四年（1908年） | 窣堵婆式石塔 | 2.87米 | 晋安区文物保护单位 | |
| 21 | 罗汉台塔 | 晋安区鼓山小罗汉台 | 清 | 平面四角亭阁式石塔 | 1.03米 | 晋安区文物保护单位 | |
| 22 | 万寿塔 | 晋安区鼓山更衣亭 | 清 | 宝箧印经式石塔 | 3.65米 | 晋安区文物保护单位 | |
| 23 | 净空禅师之塔 | 晋安区鼓山涌泉寺 | 清 | 窣堵婆式石塔 | 1.8米 | | |

| 24 | 净行塔 | 晋安区鼓山涌泉寺 | 清 | 窣堵婆式石塔 | 2.3 米 | | |
|---|---|---|---|---|---|---|---|
| 25 26 27 | 崇福寺三塔 | 晋安区崇福寺 | 民国八年（1919年）、民国十六年（1927年）、民国二十三年（1934年） | 窣堵婆式石塔 | | | 3座：古月禅师塔、光照禅师塔、净善禅师塔和德光禅师塔 |
| 28 | 古月禅师灵骨塔 | 晋安区林阳寺 | 民国八年（1919年） | 窣堵婆式石塔 | 1.8 米 | | |
| 29 | 鼓山古月和尚塔 | 鼓山十八景 | 民国八年（1919年） | 窣堵婆式石塔 | 2.6 米 | | |

## 长乐区古塔

| 序号 | 塔名 | 所在地 | 建造年代 | 建筑形制 | 高度 | 文物等级 | 备注 |
|---|---|---|---|---|---|---|---|
| 1 | 圣寿宝塔 | 城区塔坪山顶 | 北宋哲宗绍圣三年—徽宗政和七年（1096—1117年） | 平面八角七层楼阁式空心石塔 | 27.4 米 | 全国文物保护单位 | 又名三峰寺塔、雁塔 |
| 2 | 普塔 | 鹤上镇湖尾村 | 南宋宝祐元年（1253年） | 平面四角七层楼阁式实心石塔 | 7.49 米 | 长乐区文物保护单位 | 又名湖尾石塔 |
| 3 | 坑田石塔 | 玉田镇坑田村 | 明嘉靖年间（1522—1566年） | 平面圆形七层楼阁式实心石塔 | 4.15 米 | 长乐区文物保护单位 | |
| 4 | 礁石塔 | 梅花镇梅城塔礁公园 | 明 | 五轮式石塔 | 4.15 米 | | |
| 5 | 龙田焚纸塔 | 长乐区古槐镇龙田村 | 清 | 平面四角二层楼阁式石塔 | 3.8 米 | | |

## 福清市古塔

| 序号 | 塔名 | 所在地 | 建造年代 | 建筑形制 | 高度 | 文物等级 | 备注 |
|---|---|---|---|---|---|---|---|
| 1 | 五龙桥塔 | 城头镇五龙村 | 北宋治平四年（1067年） | 平面八角七层楼阁式实心石塔 | 6.7 米 | 福清市文物保护单位 | |
| 2 3 | 龙江桥双塔 | 海口镇龙江桥头 | 北宋政和三年（1113年） | 平面六角七层楼阁式实心石塔 | 5.05 米 | 福建省文物保护单位 | 2座 |

| 4 | 龙山祝圣塔 | 城区音西镇水南村 | 北宋宣和年间（1119—1125年） | 平面八角七层楼阁式空心石塔 | 22米 | 福清市文物保护单位 | 又名水南塔 |
|---|---|---|---|---|---|---|---|
| 5 | 灵宝飞仙塔 | 石竹山仙桥畔 | 北宋宣和三年（1121年） | 平面八角七层楼阁式实心石塔 | 3米 | | |
| 6 | 瑞岩寺石塔 | 海口镇瑞岩山 | 宋 | 喇嘛式石塔 | 4.5米 | 福清市文物保护单位 | 又名葫芦顶 |
| 7 | 迎潮塔 | 三山镇泽岐村 | 明嘉靖二年（1523年） | 平面八角七层楼阁式实心石塔 | 18米 | 福清市文物保护单位 | 又名斜塔、泽岐塔 |
| 8 | 天峰石塔 | 福清市海口镇南门村 | 明万历元年（1573年） | 平面六角七层楼阁式实心石塔 | 7.5米 | | |
| 9 | 万安祝圣塔 | 东瀚镇万安村 | 明万历二十七年（1599年） | 平面八角七层楼阁式空心石塔 | 18米 | 福清市文物保护单位 | |
| 10 | 鳌江宝塔 | 上迳镇迳江畔鳌峰顶 | 明万历二十八年（1600年） | 平面八角七层楼阁式空心石塔 | 25.3米 | 福清市文物保护单位 | |
| 11 | 瑞云塔 | 福清城区龙首桥北岸 | 明万历三十四年（1606年） | 平面八角七层楼阁式空心石塔 | 34.6米 | 福建省文物保护单位 | |
| 12 | 紫云宝塔 | 东张镇东张水库鲤尾山 | 明 | 平面八角七层楼阁式空心石塔 | 24米 | 福清市文物保护单位 | 又名鲤尾塔 |
| 13 14 15 | 万福寺舍利塔 | 渔溪镇黄檗山万福寺 | 明 | 1座窣堵婆式石塔、1座亭阁式石塔、1座经幢式石塔 | 约1.15米、2.7米、2.2米 | | 曾有30多座，如今剩3座 |
| 16 17 18 | 万福寺三塔墓 | 渔溪镇黄檗山万福寺 | 明 | 窣堵婆式石塔 | | | 3座 |
| 19 | 白豕塔 | 东张水库 | 清康熙年间（1661—1722年） | 平面六角七层楼阁式实心石塔 | 原16米 | | 只剩1层 |
| 20 | 幻生文禅师塔 | 东张镇灵石山国家森林公园 | 清 | 平面八角经幢式石塔 | 2.4米 | | |
| 21 22 23 | 灵石寺三塔墓 | 东张镇灵石山灵石寺 | 清 | 窣堵婆式石塔 | 2.8米 | 福清市文物保护单位 | 3座 |

## 连江县古塔

| 序号 | 塔名 | 所在地 | 建造年代 | 建筑形制 | 高度 | 文物等级 | 备注 |
|---|---|---|---|---|---|---|---|
| 1 | 钱弘俶铜塔 | 福建省博物馆（连江出土） | 五代 | 宝箧印经式铜塔 | 0.3米 | 福建省文物保护单位 | |

| 2 | 宝林寺<br>舍利塔 | 丹阳镇<br>东坪村宝林寺 | 北宋庆历四年<br>（1044 年） | 窣堵婆式石塔 | 3 米 | 连江县<br>文物保护单位 | |
|---|---|---|---|---|---|---|---|
| 3<br>4<br>5 | 尊宿普同<br>报亲三塔 | 丹阳镇<br>东坪村宝林寺 | 建于北宋庆历四年<br>（1044 年），清代<br>重修 | 窣堵婆式石塔 | 1.8 米 | | 3 座 |
| 6 | 护国天王<br>寺塔 | 凤城镇仙塔街 | 北宋 | 平面八角二层<br>楼阁式空心石塔 | 10 米 | 福建省<br>文物保护单位 | 又名仙<br>塔、瑞<br>光塔 |
| 7 | 宝华晴岚塔 | 凤城镇宝华山<br>中岩寺 | 宋 | 平面八角二层<br>楼阁式石塔 | 残 2.9 米 | 连江县<br>文物保护单位 | |
| 8 | 普光塔 | 东岱镇云居山<br>云居寺 | 元至正十年<br>（1350 年） | 平面八角二层<br>楼阁式空心石塔 | 12 米 | 福建省<br>文物保护单位 | |
| 9 | 含光塔 | 鳌江镇<br>斗门村斗门山 | 明万历十六年<br>（1588 年） | 平面八角七层<br>楼阁式空心砖塔 | 26.67 米 | 福建省<br>文物保护单位 | |
| 10 | 最愚旺禅师<br>海会塔 | 东岱镇<br>云居山云居寺 | 明 | 平面六角二层<br>楼阁式实心石塔 | 1.3 米 | | |
| 11 | 妙真净明塔 | 东岱镇<br>云居山云居寺 | 明 | 平面四角<br>亭阁式石塔 | 2.7 米 | | |
| 12 | 东莒灯塔 | 马祖东莒岛 | 清同治十一年<br>（1872 年） | 平面圆形<br>英式空心石塔 | 19.5 米 | 台湾二级文物 | |
| 13 | 东引灯塔 | 马祖东引岛 | 清光绪二十八年<br>（1902 年） | 平面圆形<br>英式空心石塔 | 14.2 米 | 台湾三级文物 | |
| 14 | 定海焚纸塔 | 连江县<br>定海村古城堡 | 民国 | 平面六角三层<br>楼阁式空心砖塔 | 5.1 米 | | |
| 15 | 林森藏骨塔 | 连江县<br>琯头镇青芝山 | 民国十五年<br>（1926 年） | 平面四角<br>亭阁式石塔 | 7.43 米 | 福建省<br>文物保护单位 | |

## 闽侯县古塔

| 序号 | 塔名 | 所在地 | 建造年代 | 建筑形制 | 高度 | 文物等级 | 备注 |
|---|---|---|---|---|---|---|---|
| 1 | 义存祖师塔 | 大湖乡雪峰寺 | 唐天祐四年<br>（907 年） | 窣堵婆式石塔 | 4.1 米 | 福建省<br>文物保护单位 | |
| 2 | 镇国宝塔 | 上街镇侯官村 | 唐武德年间<br>（618—626 年） | 平面四角七层<br>楼阁式实心石塔 | 6.8 米 | 福建省<br>文物保护单位 | |
| 3 | 枕峰桥塔 | 祥谦镇枕峰村 | 南宋绍兴年间<br>（1131—1162 年） | 平面四角四层<br>楼阁式实心石塔 | 4.8 米 | | |

| 4 | 石松寺舍利塔 | 南屿镇中溪村石松寺 | 南宋绍兴年间（1131—1162 年） | 窣堵婆式石塔 | 0.85 米 | 闽侯县文物保护单位 | |
|---|---|---|---|---|---|---|---|
| 5 | 陶江石塔 | 尚干镇 | 南宋 | 平面八角七层楼阁式实心石塔 | 10 米 | 福建省文物保护单位 | 又名庵塔、雁塔 |
| 6 | 莲峰石塔 | 青口镇莲峰村 | 宋 | 平面八角七层楼阁式实心石塔 | 15 米 | 福建省文物保护单位 | |
| 7 | 青圃石塔 | 青口镇青圃团结村 | 宋 | 平面八角九层楼阁式实心石塔 | 8 米 | 福建省文物保护单位 | |
| 8-10 | 超山寺三塔 | 上街镇榕桥村超山自然村 | 宋 | 1 座五轮式石塔、2 座窣堵婆式石塔 | 残 2.2 米 | 闽侯县文物保护单位 | 3 座 |
| 11 | 龙泉寺海会塔 | 鸿尾乡龙泉寺 | 南宋 | 窣堵婆式石塔 | 1.75 米 | | |
| 12-20 | 雪峰寺塔林 | 大湖乡雪峰寺 | 宋、元、明 | 4 座窣堵婆式石塔、3 座宝箧印经石塔、2 座平面四角单层亭阁式石塔 | 4 米、2.07 米、2.07 米、2.3 米、2.5 米、2.4 米、2 米、2.3 米、2.7 米、 | 闽侯县文物保护单位 | 9 座 |
| 21 | 仙踪寺舍利塔 | 南屿镇玉田村仙踪寺 | 宋 | 窣堵婆式石塔 | 4.1 米 | 闽侯县文物保护单位 | |
| 22 | 达本祖师塔 | 大湖乡雪峰寺 | 民国 | 窣堵婆式石塔 | 1.95 米 | | |

## 永泰县古塔

| 序号 | 塔名 | 所在地 | 建造年代 | 建筑形制 | 高度 | 文物等级 | 备注 |
|---|---|---|---|---|---|---|---|
| 1 | 麟瑞塔 | 大洋镇麟阳村 | 明万历二十三年左右（1595 年左右） | 平面六角五层楼阁式空心木塔 | 27 米 | 永泰县文物保护单位 | |
| 2 | 联奎塔 | 永泰城南塔山 | 清道光十一年（1831 年） | 平面八角七层楼阁式空心石塔 | 21 米 | 福建省文物保护单位 | |

## 闽清县古塔

| 序号 | 塔名 | 所在地 | 建造年代 | 建筑形制 | 高度 | 文物等级 | 备注 |
|------|------|--------|----------|----------|------|----------|------|
| 1 | 台山石塔 | 闽清城区台山公园 | 明嘉靖二十五年（1546年） | 平面八角七层楼阁式空心石塔 | 10米 | 闽清县文物保护单位 | |
| 2 | 白岩寺海会塔 | 三溪乡前坪村白岩山 | 清光绪十五年（1889年） | 窣堵婆式石塔 | 2.47米 | | |
| 3 | 前光敬字塔 | 闽清县三溪乡前光村 | 清 | 平面四角二层楼阁式空心石塔 | 2米 | | |

## 罗源县古塔

| 序号 | 塔名 | 所在地 | 建造年代 | 建筑形制 | 高度 | 文物等级 | 备注 |
|------|------|--------|----------|----------|------|----------|------|
| 1-4 | 圣水寺海会塔 | 莲花山圣水寺 | 北宋元符二年（1099年）、明、清 | 2座窣堵婆式石塔、1座平面六角亭阁式石塔、1座平面圆形经幢式石塔 | 约1.3—5.6米 | | 4座 |
| 5 | 瑞云寺海会塔 | 松山镇外洋村瑞云寺 | 北宋治平二年（1065年） | 窣堵婆式石塔 | 2.6米 | 罗源县文物保护单位 | |
| 6 | 巽峰塔 | 莲花山山顶 | 明万历三十三年（1605年） | 平面八角七层楼阁式实心石塔 | 19.34米 | 罗源县文物保护单位 | |
| 7 | 万寿塔 | 城区崇德桥 | 始建于唐代，清乾隆五十一年（1786年）重建 | 平面八角十三层楼阁式实心石塔 | 13米 | 罗源县文物保护单位 | |
| 8 | 护国塔 | 起步镇护国村 | 清咸丰五年（1855年） | 平面八角七层楼阁式实心石塔 | 4.8米 | 罗源县文物保护单位 | |
| 9 | 月公大师塔 | 起步镇紫峰寺 | 清乾隆四年（1739年） | 平面八角经幢式石塔 | 2.5米 | | |
| 10 | 慈公大师塔 | 起步镇紫峰寺 | 清 | 平面六角经幢式石塔 | 0.85米 | | |
| 11 | 金栗寺经幢 | 凤山镇方厝村 | 清 | 平面八角经幢式石塔 | 1.35米 | | |
| 12 | 大获村惜字纸塔 | 松山镇大获村 | 清同治四年（1865年） | 平面四角三层楼阁式空心石塔 | 2米 | | |

# 附录二：参考文献

## 一、专著类

曾江：《福建古塔》，福州：福建美术出版社，2015 年。

曾江：《闽侯史迹要览》，福州：福建美术出版社，2011 年。

曾江：《闽侯文物》，福州：福建美术出版社，2002 年。

王寒枫：《泉州东西塔》，福州：福建人民出版社，1992 年。

汪建民、侯伟：《北京的古塔》，北京：学苑出版社，2008 年。

张驭寰：《十里楼台——古塔实录》，武汉：华中科技大学出版社，2011 年。

张驭寰：《中国佛塔史》，北京：科学出版社，2006 年。

赵克礼：《陕西古塔研究》，北京：科学出版社，2007 年。

甘肃省文物局：《甘肃古塔研究》，北京：科学出版社，2014 年。

重庆文化遗产保护中心：《重庆古塔》，北京：科学出版社，2013 年。

湖北省古建筑保护中心：《湖北古塔》，北京：中国建筑工业出版社，2011 年。

罗哲文、王振复：《中国建筑文化大观》，北京：北京大学出版社，2001 年。

王小兰：《建筑文化解读丛书——塔》，北京，中国人民大学出版社，2007 年。

李浈：《中国传统建筑形制与工艺》，上海：同济大学出版社，2010 年。

林蔚文：《福建石雕艺术》，北京：荣宝斋出版社，2006 年。

萧默：《萧默建筑艺术论集》，北京：机械工业出版社，2003 年。

何锦山：《闽台佛教亲缘》，福州：福建人民出版社，2010 年。

李豫闽：《闽台民间美术》，福州：福建人民出版社，2009 年。

林祥瑞、刘祖陛：《福建简史》，厦门：国际华文出版社，2004 年。

翁惠文：《文明的足迹——宁德市文物保护单位揽胜》，宁德：宁德市文化与出版局，2005 年。

郭义山、张龙泉：《闽西掌故》，福州：福建人民出版社，2002 年。

魏键：《大鼓山·涌泉寺》，福州：海风出版社，2011 年。

丁佛保：《佛学大辞典》，上海：上海书店，1991 年。

徐华铛：《中国古塔造型》，北京：中国林业出版社，2007 年。

刘淑芬：《灭罪与度亡——佛顶尊胜陀罗尼经幢之研究》，上海：上海古籍出版社，2008 年。

楼庆西：《中国小品建筑十讲》，北京：生活·读书·新知三联书店，2004 年。

包泉万：《古塔的故事》，济南：山东画报出版社，2004 年。

谌壮丽、王桢：《古塔纠倾加固技术》，北京：中国铁道出版社，2011 版。

慈怡法师：《佛光大辞典》，北京：北京图书馆出版社，2004 年。

## 二、期刊类

闫爱宾：《宋元泉州石建筑技术发展脉络》，《海交史研究》，2009 年第 1 期。

闫爱宾：《密教传播与宋元泉州石造多宝塔》，《中国文物科学研究》，2012 年第 3 期。

林钊：《泉州开元寺石塔》，《文物参考资料》，1958 年第 1 期。

徐晓望：《福建佛教与民间信仰》，《法音》，2000 年第 1 期。

吴卉：《浅述长乐三峰寺塔的官式做法和福建地域特色之融合》，《福建建筑》，2006 年第 6 期。

黎晓铃：《密宗在闽传播及其与福建宗教和民间信仰的关系》，《福建宗教》，2005 年第 5 期。

黄云：《浅论宋代福建佛教的鼎盛》，《福州师专学报》，2001 年第 1 期。

曹春平：《福州鼓山涌泉寺北宋二陶塔》，《建筑史》，2003 年第 1 辑。

曹春平：《福建仙游无尘塔》，《建筑史》，2008 年第 23 辑。

吴天鹤：《福建莆田广化寺释迦文佛石塔》，《文物》，1997 年第 8 期。

汤毓贤：《海峡两岸云霄塔》，《闽台文化交流》，2009 年第 4 期。

杨建学、侯伟生：《千年古塔基础加固变形特性分析》，《福建建筑》，2006 年第 1 期。

李玉昆：《泉州佛顶尊胜陀罗尼经幢及其史料价值》，《佛学研究》，2000 年第 1 期。

蒋剑云：《福建沿海部分石塔》，《古建园林技术》，1989 年第 3 期。

谢鸿权：《福建唐宋石塔与欧洲中世纪石塔楼之比较》，《华侨大学学报》，2006 年第 2 期。

何锦山：《再谈福建佛教的特点》，《宗教学研究》，1999 年第 1 期。

陈清：《泉州传统建筑装饰与中原文化的血缘关系》，《郑州轻工业学院学报》，2010 年第 2 期。

吴正旺：《泉州几个石建筑补间铺作的调查》，《华中建筑》，2002 年第 1 期。

路秉杰、王晓帆：《福建泉、厦石造宝箧印塔的类型及演变》，《同济大学学报》，2005 年第 3 期。

刘木忠：《泉州古塔抗震性能的探讨》，《华侨大学学报》，1982 年第 1 期。

陈名实：《泉州古城建筑与风水》，《泉州师范学院学报》，2005 年第 5 期。

陈文忠：《莆田广化寺释迦文佛石塔》，《法音》，2004 年第 8 期。

佘国珍、舒松伟：《莆田石雕艺术风格探析》，《雕塑》，2009 年第 2 期。

罗时雷、彭晋媛：《影响莆田佛教建筑型制特征的因素》，《福建工程学院学报》，2009 年第 6 期。

童焱：《浅谈闽南佛教建筑装饰艺术的性格特征及其成因》，《福建师范大学学报》，2010 年第 5 期。

刘新慧：《泉州古塔的人文价值》，《泉州师范学院学报》，2007 年第 1 期。

蔡辉腾、郑师春、李云珠、黄莉菁：《泉州镇国塔抗震能力探讨》，《建筑结构学报》，2007年第S1期。

郑宏：《晋江江滨公园意向设计及其古塔景区规划构想》，《福建建筑》，2005年第5期。

刘立冬：《风水塔的地理审美意义初探》，《安徽农业大学学报》，2011年第2期。

卞建宁：《韩城市周边遗存风水塔的地域特征及其文化价值研究》，《三门峡职业技术学院学报》，2006年第4期。

赵克礼：《陕西古塔的类型特征与发展历程（上）（下）》，《文博》，2007年第1、2期。

陈平：《钱（弘）俶造八万四千〈宝箧印陀罗尼经〉（上）（下）》，《荣宝斋》，2012年第1、2期。

陈平：《八万四千阿育王塔——吴越阿育王塔赏介（上）（下）》，《荣宝斋》，2011年第1、3期。

金申：《吴越国王造阿育王塔》，《东南文化》，2002年第4期。

闫爱宾、路秉杰：《雷峰塔地宫出土金涂塔考证》，《同济大学学报》，2002年第2期。

郑琦：《上海古塔建筑特色探析》，《南方建筑》，2009年第5期。

郑立君：《试析南京栖霞寺舍利塔装饰设计的特点与风格》，《东南大学学报》，2006年第1期。

郑立君：《试析南京栖霞寺舍利塔天王、力士造像的特点与风格》，《东南大学学报》，2002年第5期。

赵克礼：《陕西现存宋代古塔考》，《文博》，2005年第6期。

刘杰：《中国古塔的儒释道文化意蕴钩沉》，《上海交通大学学报》，2000年第2期。

林辉、林金裕：《五轮塔与无缝塔》，《石材》，2004年第1期。

陈东佐、康玉庆：《中国古塔的维修与保护》，《太原大学学报》，2006年第4期。

潘春利、侯霞：《呼和浩特金刚座舍利宝塔的建筑与装饰特色》，《内蒙古艺术》，2008 年第 2 期。

刘宝兰：《从中国古塔在寺庙中位置的变迁看其佛性意蕴的世俗化》，《五台山研究》，1999 年第 3 期。

李桂红：《中国汉传佛教佛塔与佛教传播探析》，《五台山研究》，2000 年第 4 期。

宋树恢：《中国现存古塔的分布及鉴赏利用》，《合肥工业大学学报》，2001 年第 1 期。

王新生：《钟祥文风塔建造艺术》，《华中建筑》，2006 年第 9 期。

林通雁：《关于中国古塔造型源流的描述》，《美术之友》，1999 年第 6 期。

王亚荣：《略论中国汉地佛塔的价值与定义》，《佛学研究》，2008 年。

索南才让：《佛塔的起源及其演变》，《西藏艺术研究》，2005 年第 1 期。

何志榕：《结合现代技术建筑传统石塔》，《福建建筑》，2007 年第 10 期。

高履泰：《北京市内佛塔考察》，《古建园林技术》，2000 年第 4 期。

廖芯雅：《长清灵岩寺塔北宋阿育王浮雕图像考释》，《故宫博物院院刊》，2006 年第 5 期。

闫爱宾：《钱弘俶、汉传密教与宝箧印塔流布》，《同济大学学报》，2002 年第 2 期。

吴庆洲：《云南塔顶的金翅鸟》，《广东建筑装饰》，1999 年第 2 期。

吴庆洲：《佛塔的源流及中国塔刹形制研究》，《华中建筑》，1999 年第 4 期。

吴庆洲：《佛塔的源流及中国塔刹形制研究（续）》，《华中建筑》，2000 年第 2 期。

张炜、徐磊：《陕西省古塔现状调查及研究》，《文博》，2012 年第 2 期。

吴洁：《杭州六和塔八棱平面设计手法探究》，《艺术教育》，2013 年第 10 期。

罗微、乔云飞：《浅谈中国佛寺的营造文化与艺术》，《考古与文物》，2003 年第 1 期。

殷光明：《北凉石塔述论》，《敦煌学辑刊》，1998 年第 1 期。

陈诚：《安庆振风塔内部空间研究》，《科技创业月刊》，2010 年第 6 期。

安忠义：《简论北凉石塔》，《丝绸之路》，2001 年第 1 期。

刘立冬：《环巢湖古塔历史文化探究》，《安徽史学》，2011 年第 5 期。

范鸿武：《云冈石窟佛塔的汉化在中国文化史上的意义》，《苏州大学学报》2010 年第 5 期。

吴庆洲、吴锦江：《佛教文化与中国名胜园林景观》，《中国园林》，2007 年第 10 期。

李艳蓉、杜平：《古代砖石塔建筑的美学探讨》，《文物世界》，2005 年第 5 期。

郑力鹏：《中国古塔平面演变的数理分析与启示》，《华中建筑》，1991 年第 2 期。

湛如、丁薇：《印度早期佛教的佛塔信仰形态》，《世界宗教研究》，2003 年第 4 期。

申平：《佛塔形态演变的文化学意义》，《洛阳工学院学报》，2001 年第 2 期。

贺云翱：《六朝都城佛寺和佛塔的初步研究》，《东南文化》，2010 年第 3 期。

陈晓露：《从八面体佛塔看犍陀罗艺术之东传》，《西域研究》，2006 年第 4 期。

李燕：《西安大小雁塔建筑形式之比较》，《中国建筑装饰装修》，2010 年第 2 期。

王梦林、杨卫波：《浅析天宁寺三圣塔的建筑特色及人文价值》，《科教文汇》，2009 年第 1 期。

张振：《中国建筑文化之根基——儒、道、佛（释）与中国建筑文化》，《华中建筑》，2003 年第 2 期。

曹汛：《修定寺建筑考古又三题》，《建筑师》，2005 年第 6 期。

张剑喜、林秀珍、张志忠：《河北临城普利寺塔的保护对策》，《文物春秋》，2004 年第 5 期。

叶挺铸：《浙江瑞安垟坑石塔的构造和建筑特征》，《东方博物》，2006 年第 1 期。

任大根：《飞英塔佛像艺术特征初析》，《湖州师范学院学报》，2001 年第 1 期。

郑立君：《试析南京栖霞寺舍利塔的设计艺术特点》，《艺术百家》，2003 年第 2 期。

赵兵兵、王肖宇：《辽代砖塔形制特征研究》，《辽宁工业大学学报》，2012年第 4 期。

赵兵兵、陈伯超：《青峰塔的构造特点与营造技术》，《华中建筑》，2011年第 4 期。

郑琦：《台州古塔的建筑特色与人文价值》，《华中建筑》，2003 年第 2 期。

王正明：《中国塔建筑的源流与价值研究》，《河北建筑科技学院学报》，2003 年第 6 期。

张鹰：《天光中端坐莲台的孩童——浅析西津渡昭关石塔的造型特色》，《大舞台》，2008 年第 4 期。

钟健：《从云冈石窟看佛教造像的本土化》，《南京艺术学院学报》，2005年第 2 期。

郭露妍：《修定寺塔"七政宝"砖雕图案探源》，《装饰》，2006 年第 12 期。

陈泽泓：《漫话广东的风水塔》，《岭南文史》，1993 年第 2 期。

院芳、柳肃：《湖南明清楼阁式古塔的建筑特点研究》，《中外建筑》，2009年第 4 期。

黄定福：《宁波天宁寺塔唐代特征初探》，《古建园林技术》，2010 年第 2 期。

张驭寰：《中国古代高层建筑——塔——古代建材与建筑的杰作》，《房材与应用》，2003 年第 6 期。

王春波：《山西安泽县郎寨唐代砖塔》，《文物》，2011 年第 4 期。

杨大禹、吴庆洲：《从"柱"崇拜到"塔"崇拜的文化嬗变》，《建筑师》，2009 年第 6 期。

严灵灵、凌继尧：《从佛塔起源及艺术角度试析现代化的"雷峰塔"》，《东南大学学报》，2006 年第 2 期。

张峥嵘：《西津渡过街石塔的设计与中国传统文化》，《南通职业大学学报》，2011 年第 2 期。

潘洌：《浅探中国古塔文化及其应用》，《重庆建筑》，2005 年第 5 期。

尹晶：《浅谈佛塔与中原文化发展和变迁》，《鸡西大学学报》，2010 年第 5 期。

曹顺利：《浅谈佛教在中国发展的四个历史阶段》，《湖南省社会主义学院学报》，2000 年第 4 期。

徐景达：《古塔明珠——应县木塔》，《城市开发》，2004 年第 12 期。

白文：《北周天和年间四面造像塔》，《文物世界》，2006 年第 2 期。

惠金义：《太原双塔的由来及其保护》，《寻根》，2011 年第 2 期。

王莹、赵龙珠：《浅谈中国古塔的发展历史研究》，《黑龙江科技信息》，2010 年第 7 期。

李隽、李有成：《试论五台山〈佛顶尊胜陀罗尼经〉石经幢》，《五台山》，2007 年第 9 期。

孙群：《从艺术到文化：泉州宝箧印经石塔与吴越国金涂塔雕刻艺术的比较研究》，《福建师范大学学报》，2014 年第 2 期。

孙群：《福州闽侯陶江石塔建造年代之探究》，《装饰》，2014 年第 1 期。

孙群：《从泉州东西塔和福清瑞云塔雕刻的差异窥见古塔的世俗化表现》，《装饰》，2013 年第 6 期。

孙群：《福建传统石雕艺术》，《装饰》，2005 年第 8 期。

孙群：《析福清瑞云塔装饰雕刻艺术的特征与内涵》，《雕塑》，2013 年第 4 期。

孙群：《福清瑞云塔的建筑艺术特征与文化内涵探究》，《西安建筑科技大学学报》，2014 年第 6 期。

孙群：《泉州佛塔雕刻艺术的世俗化特征》，《艺术探索》，2014 年第 6 期。

孙群：《福建楼阁式砖塔的建筑艺术及其地理位置特征》，《华侨大学学报》，2015 年第 5 期。

孙群：《福州鼓山涌泉寺千佛陶塔的传承与演变》，《古建园林技术》，2015 年第 2 期。

孙群：《福州连江护国天王寺塔建造年代考证》，《华中建筑》，2015 年第 9 期。

孙群：《宁德古田吉祥寺塔建筑艺术特征及其渊源研究》，《西安建筑科技大学学报》，2015 年第 3 期。

孙群：《福州古塔的建筑类型与造型特征探析》，《福建工程学院学报》，2015 年第 6 期。

孙群：《析泉州石狮六胜塔的建筑艺术特征与传承》，《建筑与文化》，2013 年第 10 期。

孙群：《泉州南安桃源宫陀罗尼经幢的建筑特征及其宗教作用》，《建筑与文化》，2013 年第 11 期。

孙群：《泉州风水塔的地域特征与文化内涵》，《建筑与文化》，2014 年第 3 期。

孙群：《福州楼阁式古塔的建筑艺术特色》，《建筑与文化》，2014 年第 2 期。

孙群：《泉州宝箧印经石塔的建筑特色与文化内涵》，《艺术探索》，2013 年第 3 期。

孙群：《仙游天中万寿塔的设计特征与文化价值探析》，《西安建筑科技大学学报》，2013 年第 3 期。

孙群：《福建古塔的建筑特色与人文价值》，《长春理工大学学报》，2012 年第 1 期。

孙群：《泉州古塔的类型与建筑特色研究》，《福建工程学院学报》，2013 年第 8 期。

孙群：《福州古塔的建筑艺术与文化内涵探究》，《福建工程学院学报》，2012 年第 6 期。

孙群：《福清古塔建筑及文化价值探究》，《福建工程学院学报》，2012 年第 1 期。

孙群：《莆田古塔的建筑特征与文化内涵》，《莆田学院学报》，2012 年第 6 期。

孙群：《泉州洛阳桥石塔的建筑特征与文化底蕴》，《艺术与设计》，2013 年第 7 期。

孙群：《析福州崇妙保圣坚牢塔的建筑特色与文化内涵》，《艺术与设计》，

2011 年第 9 期。

林宗鸿：《泉州开元寺发现五代石经幢等重要文物》，《泉州文史》，1986年第 12 期。

王亚青：《全国最大的陶塔——鼓山涌泉寺千佛陶塔》，《炎黄纵横》，2013年第 5 期。

闫爱宾：《中国宝箧印塔的研究历史及现状》，《第四届中国建筑史学国际研讨会论文集》，2012 年。

马海燕：《明末清初"鼓山禅"的几个基本问题》，《东南学术》，2011 年第 2 期。

唐宏杰：《泉州崇福寺应庚塔出土北宋厌胜钱》，《中国钱币》，2003 年第 3 期。

## 三、学位论文类

闫爱宾：《11—14 世纪泉州石构建筑研究——传播学视野下的区系石建筑发展史》，同济大学博士论文，2008 年。

戴孝军：《中国古塔及其审美文化特征》，山东大学博士论文，2014 年。

张晓东：《辽代砖塔建筑形制初步研究》，吉林大学博士论文，2011 年。

王东涛：《河南宋代楼阁式砖石塔研究》，河南大学硕士论文，2004 年。

白占微：《福建古塔文化研究》，福建师范大学硕士论文，2011 年。

张科：《浙江古塔景观艺术研究》，浙江农林大学硕士论文，2014 年。

陈诚：《安庆振风塔内部空间与造像艺术之关系研究》，南京艺术学院硕士论文，2010 年。

赵琨：《正定佛塔建筑研究》，西安建筑科技大学硕士论文，2008 年。

王妍：《上海古塔历史文化信息初探》，华东师范大学硕士论文，2004 年。

李俊：《碧云寺金刚宝座塔探析》，首都师范大学硕士论文，2009 年。

蓝滢：《开封繁塔研究》，河南大学硕士论文，2006 年。

马海霞：《河南古塔景观价值的开发利用研究》，福建农林大学硕士论文，

2014 年。

王中旭：《河南安阳灵泉寺灰身塔研究》，中央美术学院硕士论文，2006 年。

张墨青：《巴蜀古塔建筑特色研究》，重庆大学硕士论文，2009 年。

杨瑞：《河北辽塔设计艺术研究》，苏州大学硕士论文，2007 年。

杨卫波：《解读中国古塔建筑文化元素》，湖北工业大学硕士论文，2009 年。

## 四、其他文献

王福成：《中华古塔通览——福建卷》，andonglaowang.blog.163.com

穆睦：《水西林的博客》：http://fzlq1971.blog.163.com

《嗜塔者的博客》：http://blog.sina.com.cn/armstrong2009

连江县博物馆：《连江文物》，2006。

邱承忠：《闽南石经幢》。

清元法师：《鼓山涌泉寺的禅宗传承略述》，白云祖庭网站，2015。

百度百科：[EB/OL].http://baike.baidu.com.

互动百科：[EB/OL].http://www.baike.com.

搜狗百科：http://baike.sogou.com/Home.v.

注：著作中还有部分内容参考了一些地方文献、博客文章以及报纸杂志，由于涉及面较广，许多作者姓名不详，很难一一罗列，在此特别表示感谢。书中所有的古塔照片均为笔者亲自拍摄，所有手绘图片也为笔者所绘，部分手绘参考了一些资料图片。作者简介照片由杨琼老师拍摄。

# ▏后记

　　我从 2011 年开始关注福建古塔，到了 2017 年时，已经对福建 400 多座古塔进行了实地调研。在此期间，发表了 20 多篇有关福建古塔的学术论文，并最终完成专著《福建古塔研究》。鉴于内容繁多，改为三册出版，即将福州古塔和泉州古塔单独成书。2018 年，出版《福建遗存古塔形制与审美文化研究》，主要探讨莆田、宁德、厦门、漳州、南平、三明、龙岩等地区的古塔，而《福州古塔的建筑艺术与人文价值研究》是其中的第二本。2020 年，将推出《泉州遗存古塔形制与审美文化研究》（暂定名）。在《福建遗存古塔形制与审美文化研究》中，统计的福州古塔数量是 128 座，而本书中又增加 2 座，故最后统计的福州古塔数量是 130 座。

　　我曾多次拜访福建古塔研究专家、闽侯县博物馆原馆长曾江先生，与他畅谈研究古塔的心得。曾馆长表示，他多年从事田野调查，而探访古塔是最辛苦的，完全可以写一本《探寻古塔历险记》。他曾从摩托车上摔下来，幸好没有受伤；在乡下遇到歹徒抢劫；在山上遭受到暴雨袭击。他在 10 多年的看塔过程中，因摄影器材太重，腰椎严重受损。有时候为了看一座塔，前后跑了多次。如去看南安英都牛尾塔，头尾 8 年，总共去了 3 次才找到这座深藏在密林中的石塔。曾馆长的看塔经历，我也深有体会。我与他都有同感，也许佛菩萨一路保佑着我们，避开一次次的劫难，解决一个个的困难。

在本书付梓之际，我再一次翻开"福建各县市古塔一览表"，看着一座座熟悉的塔名，回想起当年找寻它们的经历，感慨万千。在路上，永远都在路上，当考察完一座古塔后，立即锁定下一座塔。每当赶往另一座古塔时，总有几分期待、几分担忧，在找到塔之前，会有种种不可预见的情况。记得当我一人来到永安安砂镇寻找安砂双塔时，远远地就望见这两座立在山顶的砖塔，但我问遍了安砂镇上的居民，没有人知道上山的路，我自己又开着车在山下找寻道路，可都失败了，最后只好远距离地进行拍摄，恋恋不舍地离开安砂。我和同事夏松超去考察邵武灵杰塔时，因塔建在城北石岐山羊角峰上，需要经过一段铁轨。当我们正走在弯曲的轨道时，突然听到尖叫的鸣笛声，抬头一看，前面不远处的岔路口一辆火车正风驰电掣地驶来，我和松超急忙跳出铁轨，被猛烈的气浪推向一边。有一次和同事高鹏一起去找位于南平鲤鱼山上的南平东塔，到达古塔时已接近傍晚，夕阳西下，我们在山上来回寻找，最后快放弃时，才在一大片坟墓后面看到露出的一截塔尖，当时特别兴奋，踩着一座座墓穴来到东塔下。返程时，天色已逐渐暗下来，穿行在墓穴中，才感到有点胆战心惊。还有一次，一个人去看三明松阳村八鹭塔时，明明在山脚下已望见这座石塔，但上山不久后就迷路了，当我精疲力竭时，有幸遇见一位砍柴的村民，最后经他指点，才顺利找到八鹭塔。又有一次，和爱人林金珠去找龙岩雁石镇大吉村步云塔时，没想到问到的第一位村民就表示愿意带我们去。我们三人穿行在遮天蔽日的密林里，这位村民告诉我，还好我们凑巧问到他，村里其他人几乎都不知道通往步云塔的道路，而他因在山上种果树，去年才自己开了一条小路，可通往这座早已被遗弃的风水塔。由于许多风水塔地处荒凉偏僻的山林中，今后也许不会再有机会重寻这些承载着深厚文化底蕴的古塔，但我曾经来过，曾经近距离地欣赏过它们，就已经足够了。

虽然考察古塔的经历颇为艰辛，但也能欣赏到许多震撼人心的壮丽景象。如东山文峰塔位于塔屿山巅，四面环海，碧波万顷，海天一色，波澜壮阔，如海外仙境；石狮宝盖山凌霄耸立，花岗岩山体无土、无水，植被稀疏，怪石裸露，虽然高度只有210米，但东面为大海，四周为平原，所以显得特别雄伟，而位于山顶的姑嫂塔依借磅礴的山势，呈现威武雄姿。站在塔上，远眺东海，石狮万象尽收眼底，使人置身于山海之间，心旷神怡，犹如面对多变而壮美的辽阔画卷。

在漫长的考察与写作过程中，我得到福建工程学院福建省社科研究基地地方文献整理研究中心主任郭丹教授、福建师范大学社会历史学院林国平教授、华南理工大学建筑学院吴庆洲教授、福建师范大学美术学院李豫闽教授、福建工程学院建筑与城乡规划学院林从华教授、厦门大学建筑学院戴志坚教授、苏州大学艺术学院张朋川教授等诸位专家的指导与鼓励，在此表示衷心的感谢。还要感谢福建省社科研究基地地方文献整理研究中心将拙著列入中心成果，给予资助。还需感谢同事高鹏老师、夏松超老师和朋友林孝勇，他们都曾与我一起跋山涉水考察古塔。还得感谢那些为我指路或带路的村民们。感谢九州出版社的郭荣荣主任和黄瑞丽编辑，她们不厌其烦地校正书稿。我还得到父母的全力支持与帮助，特别是我的夫人林金珠女士，她既要工作，又要照看孩子，还需照顾家庭，却多次不顾劳苦，同我翻山越岭到各地进行调研。

还要特别感谢福建工程学院党委书记吴仁华教授在百忙之中为本书撰写"苍霞书系"总序。

孙群

2019年6月

于福建工程学院建筑与城乡规划学院